LNGC 기초교육

김종성 · 배병덕 · 윤귀호 공저

도서출판 상학당

머리말

세계화 시대와 더불어 각국 보유 자원의 불균형으로 인한 물자이송의 필요성 대두로 인한 국제무역이 갈수록 증가하고 있는 추세다. 바다는 해상 수송로로서 이러한 물자이송의 주요 통로 역할을 담당하고 있을 뿐만 아니라, 인류의 마지막 남은 자원의 보고이며, 깨끗한 공기와 쾌적한 자연을 제공하고, 해양공원과 수상 레저 등 인간의 생활을 더욱 윤택하게 해주는 삶의 터전으로써 그 존재의미가 더욱 커가고 있다.

최근 환경보전에 대한 관심이 높아지면서, 청정한 에너지원인 액화천연가스의 수요가 급증하고 있으며, 이에 따라 한국과 일본을 중심으로 한 현재의 LNG 해상수송체계에 더하여 미국 유럽을 중심으로 하는 새로운 수송체계가 형성될 것으로 예상된다.

액화천연가스의 수요급증 및 새로운 해상수송체계의 형성은 곧 액화천연가스 운송의 확대를 의미하는 것으로 최근까지 액화천연가스 운송선대의 급속한 증가가 이루어져오고 있다. 액화천연가스 운반선은 일반적인 화물 운반선들과는 달리 화물인 액화천연가스의 특수성으로 인하여 안전운항 및 안전한 화물관리를 위하여 여러 특수 장비들이 설치되게 된다. 아울러 이러한 특수 장비들을 운용할 수 있는 인력 또한 전문적으로 교육이 이루어져야 한다.

액화천연가스의 특수성 및 이를 취급하기 위한 특수한 장비에 대한 운용자들의 이해를 돕기 위한 기본교육이 과거에서부터 시행되어 왔으나, 최근에 STCW 협약이 전면 개정되면서 기존에 탱커 기초교육에서 액화가스 운송에 대한 교육 부분을 분리하여 별도의 교육이 이루어지도록 규정되었다.

이 교재는 이러한 최근의 STCW 협약에 개정 사항을 반영하여 천연액화가스 운반선과 같은 액화가스 화물선에 승선하고자 하는 승무원이 받아야 하는 액화가스 기초교육 과정의 기본 교재로 사용하고자 집필되었고, 더불어 액화가스 운반선과 관련된 유관 기관 및 기업체에서 활동하고 있는 사람들에게 액화가스 운반선의 기본적인 지식을 제공할 수 있을 것으로 사료된다.

이 교재의 미흡한 부분은 앞으로도 지속적인 보완 · 개정작업을 약속드리며, 액화가스 운반선에 승선을 고려하거나 액화가스 기초교육 이수를 준비하고 있는 이들을 위해 조그마한 보탬이 되었으면 하는 바람이다. 끝으로 이 교재가 나오기까지 많은 지원을 해주시고, 바쁘신 와중에도 편집과 출판을 해주신 도서출판 상학당의 남승우 사장님, 송일복 전무님 및 직원여러분들께 진심으로 감사의 마음을 전하는 바이다.

저자 일동

차 례

Ⅰ. 천연가스 일반 ······ 11

01 천연가스의 물리·화학적 성질 ······ 13
1. 천연가스의 정의 ······ 13
2. 천연가스의 형성 ······ 14
3. 천연가스의 분류 ······ 15
4. 천연가스전의 구조 ······ 17
5. 천연가스의 조성 ······ 18
6. 천연가스의 종류 ······ 19
7. 천연가스의 일반적 성질 ······ 20
8. 액화천연가스 ······ 28

02 세계 천연가스 산업의 현황 ······ 36
1. 전 세계 천연가스 생산량 ······ 40
2. 전 세계 천연가스 소비현황 ······ 42
3. 전 세계 천연가스 수입·출입 동향 ······ 44
4. 전 세계 액화천연가스 교역현황 ······ 46
5. LNG 프로젝트의 특성 ······ 50
6. 천연가스 산업의 변화 ······ 52
7. Worldwide Major LNG Trade Route ······ 55

03 LNGC의 개요 ······ 63
1. LNGC의 발전과정 ······ 64
2. 액화기술 및 LNGC 발달과정 ······ 64
3. LNGC의 종류 ······ 65
4. 국적 LNGC List ······ 79
5. LNGC 건조 선가 ······ 80

Ⅱ. LNGC의 화물작업 ······ 83

01 LNG Loading ······ 85
1. Loading Port와 통신 및 입항 전 점검 ······ 85
2. Loading Port 도착 전 Tank Cool-down 작업 ······ 91
3. 도선사 승선 ······ 99

02 LNG Unloading ······ 113
1. Unloading Port와 통신 및 입항 전 점검 ······ 113

2. 접안작업 ··· 120
3. 접안완료 후 작업 ··· 120
4. LNG Unloading 작업 ··· 124
5. Stripping 작업 ··· 129
6. 양하종료 ··· 130
7. Unloading 종료 후 작업 ··· 130
8. LNG 비상양하 ··· 134

03 항해중 화물관리 ··· 137
1. 적하 항해 시 화물관리 ··· 137
2. 압력제어 ··· 141

Ⅲ. LNGC의 설비 ··· 157

01 화물 기기 ··· 159
1. 화물 펌프 ··· 159
2. 비상 화물 펌프 ··· 163
3. 스프레이 펌프 ··· 165
4. High Duty Compressor ··· 166
5. Low Duty Compressor ··· 169
6. LNG Vaporizer ··· 169
7. Forcing Vaporizer ··· 171
8. Boil-off/Warm-up Heater ··· 172
9. 선체 가열 시스템 ··· 173
10. 불활성 가스 재생기 ··· 175
11. 질소재생기 ··· 178
12. Custody Transfer System ··· 180
13. 비상 차단장치 ··· 184
14. 가스 탐지장치 ··· 187
15. 재액화장치 ··· 190
16. Integrated Automation System ··· 192

02 안전설비 ··· 195
1. 액화천연가스 및 천연가스의 누출에 대비한 안전설비 ··· 195
2. 화재에 대한 안전설비 ··· 201
3. 화물구역 화재장치 ··· 207

03 기타 설비 ··· 220
1. 휴대용 가스 탐지기 ··· 220
2. 극저온 Relief 밸브 ··· 223
3. Expansion Bellows ··· 224

■ 찾아보기 / 227

〈표 차례〉

〈표 1-1〉 Characteristics of Natural Gas ········· 14
〈표 1-2〉 General Composition of Natural Gas by Countries ········· 18
〈표 1-3〉 Methane ········· 20
〈표 1-4〉 Ethane ········· 23
〈표 1-5〉 Propane ········· 24
〈표 1-6〉 Explosive Limits of varies Gases ········· 26
〈표 1-7〉 Critical Temperature and Pressure for Selected Elem ········· 28
〈표 1-8〉 World Dry Natural Gas Consumption, 1999～2004(Bcf) ········· 43
〈표 1-9〉 Worldwide LNG Trade by Country 1(2005) ········· 47
〈표 1-10〉 Worldwide LNG Trade by Country 2(2005) ········· 48
〈표 1-11〉 우리나라의 연도별 LNG 도입량 ········· 57
〈표 1-12〉 선형별 비교 특성 ········· 78
〈표 1-13〉 Korean LNG Carriers List ········· 80

〈표 2-1〉 입항 시 Checklist ········· 90
〈표 2-2〉 Cargo Tank Cool-down 소요시간 ········· 94
〈표 2-3〉 출항 시 Checklist ········· 118
〈표 2-4〉 Cold Spot 작업일정 및 안전점검표 ········· 154

〈그림 차례〉

〈그림 1-1〉 Structure of Natural Gas Reservoir 1 ········· 17
〈그림 1-2〉 Structure of Natural Gas Reservoir 2 ········· 18
〈그림 1-3〉 Methane ········· 19
〈그림 1-4〉 Density Ratio Methane/Ambient Air versus Temperature ········· 22
〈그림 1-5〉 Ethane ········· 23
〈그림 1-6〉 Flammability of Methane, Oxygen and Nitrogen Mixtures ········· 25
〈그림 1-7〉 Phase Diagram ········· 28
〈그림 1-8〉 전처리 및 액화공정 Diagram ········· 31
〈그림 1-9〉 린네의 공기액화장치의 개념도 ········· 34
〈그림 1-10〉 World Natural Gas Reserves(2004) ········· 42
〈그림 1-11〉 World Natural Gas Export(28,519Bcf) ········· 45
〈그림 1-12〉 World Natural Gas Import(29,215Bcf) ········· 45
〈그림 1-13〉 Production/Consumption/Export/Import ········· 46
〈그림 1-14〉 Worldwide LNG Export by Country 1(181.01MT, 2005) ········· 48
〈그림 1-15〉 Worldwide LNG Import by Country 2(181.01MT, 2005) ········· 49
〈그림 1-16〉 Major LNG Trade Route(Billion cubic feet, 2002) ········· 56
〈그림 1-17〉 LNG Contracts in KOREA by KOGAS ········· 58

〈그림 1-18〉 한국의 LNG Receiving Terminals 61
〈그림 1-19〉 상온가압식 Cargo Tank 66
〈그림 1-20〉 주요 탄화수소가스의 온도와 압력관계 67
〈그림 1-21〉 Gaz Transport Membrane Cargo Tank 68
〈그림 1-22〉 Membrane Cargo Tank(GTT96) Diagram 69
〈그림 1-23〉 Membrane Cargo Tank 1(GTT96) 69
〈그림 1-24〉 Membrane Cargo Tank 2(GTT96) 70
〈그림 1-25〉 Membrane Cargo Tank Structure(GTT96) 70
〈그림 1-26〉 General Arrangement 70
〈그림 1-27〉 General Arrangement(GTT MARK Ⅲ) 71
〈그림 1-28〉 Techni-Gaz Membrane Cargo Tank 71
〈그림 1-29〉 Techni-Gaz Membrane Cargo Tank Diagram 72
〈그림 1-30〉 Techni-Gaz Membrane Cargo Tank Wall 72
〈그림 1-31〉 Techni-Gaz Membrane Cargo Overview 72
〈그림 1-32〉 Techni-Gaz Membrane Cargo Tank Insulation 73
〈그림 1-33〉 Techni-Gaz Membrane Cargo Tank Insulation Structure 73
〈그림 1-34〉 Techni-Gaz Membrane Cargo Tank Insulation Overview 74
〈그림 1-35〉 Self-supporting Spherical Tank(Moss type) 75
〈그림 1-36〉 General Arrangement of Self-supporting Spherical Tank 75
〈그림 1-37〉 Self-supporting Spherical Tank(Moss type) 76
〈그림 1-38〉 Self-supporting Prismatic Bulkhead(SPB) 76

〈그림 2-1〉 Loading Arm Cooldown For OMAN 97
〈그림 2-2〉 Cool-down Cargo Tanks 98
〈그림 2-3〉 LNG Loading Operation Sequence 99
〈그림 2-4〉 Full Rate Loading Contion 110
〈그림 2-5〉 Normal Valve Position During Laden Voyage 111
〈그림 2-6〉 Deballasting 112
〈그림 2-7〉 Line Cool-down Before Entering Disport 119
〈그림 2-8〉 LNG Unloading Operation Sequence 120
〈그림 2-9〉 Shore Arm Cool-down by Main Cargo Pump 123
〈그림 2-10〉 LNG Unloading at Final Stage 128
〈그림 2-11〉 Stripping & Line Drainage 132
〈그림 2-12〉 Normal Valve Position During Ballast Voyage 133
〈그림 2-13〉 메탄(CH_4)의 모리엘 선도(Mollier Diagram) 138
〈그림 2-14〉 P-i 선도 139
〈그림 2-15〉 Normal Boil-Off Gas Burning 155

〈그림 3-1〉 다단 원심 펌프 160
〈그림 3-2〉 화물 펌프의 구조 160

〈그림 3-3〉 화물 탱크 내에 설치된 화물 펌프 161
〈그림 3-4〉 화물 펌프에 설치되어 있는 스트레이너 162
〈그림 3-5〉 화물 펌프의 화물이송 162
〈그림 3-6〉 비상 화물 펌프 설치모습 164
〈그림 3-7〉 스프레이 펌프 설치모습 165
〈그림 3-8〉 화물 탱크 내의 스프레이 노즐 166
〈그림 3-9〉 High Duty Compressor 166
〈그림 3-10〉 High Duty Compressor의 Guide Vane 167
〈그림 3-11〉 High Duty Compressor의 배치도 167
〈그림 3-12〉 High Duty Compressor Motor 168
〈그림 3-13〉 LNG Vaporizer 170
〈그림 3-14〉 LNG Vaporizer 계통도 170
〈그림 3-15〉 Forcing Vaporizer 계통도 171
〈그림 3-16〉 Boil-off/Warm-up Heater 172
〈그림 3-17〉 Cofferdam 가열 계통도 173
〈그림 3-18〉 Glycol 용액 전기 히터 174
〈그림 3-19〉 불활성 가스 재생기 175
〈그림 3-20〉 불활성 가스 재생기의 연소장치 177
〈그림 3-21〉 불활성 가스 재생기의 Drier 177
〈그림 3-22〉 불활성 가스 재생기의 블로어 178
〈그림 3-23〉 질소재생기 180
〈그림 3-24〉 CTS의 구성 181
〈그림 3-25〉 화물 탱크 내에 CTS Segment 182
〈그림 3-26〉 CTS 온도 센서 182
〈그림 3-27〉 CTS 압력측정 센서 183
〈그림 3-28〉 Float Level Gauge 184
〈그림 3-29〉 화물통제실의 수동 비상 차단장치 185
〈그림 3-30〉 Fusible Fuse 186
〈그림 3-31〉 가스 검침부 188
〈그림 3-32〉 Stop 밸브 박스 내부 189
〈그림 3-33〉 주 캐비넷의 가스 감시부 189
〈그림 3-34〉 BOG 응축공정 191
〈그림 3-35〉 화물통제실 193
〈그림 3-36〉 IAS 계통도 193
〈그림 3-37〉 Manifold 196
〈그림 3-38〉 Manifold의 Water Curtain 197
〈그림 3-39〉 Loading Arm 198
〈그림 3-40〉 PERC 장치 199
〈그림 3-41〉 소화 펌프 202
〈그림 3-42〉 비상 소화 펌프 203

〈그림 3-43〉 Fire & Deck Wash 장치 계통도 ···· 204
〈그림 3-44〉 화재탐지 제어반 ···· 205
〈그림 3-45〉 일반 열·연기 및 화염감지기 ···· 206
〈그림 3-46〉 폭발방지 열·연기 및 화염감지기 ···· 206
〈그림 3-47〉 화재발생 기사 및 가청장치 ···· 206
〈그림 3-48〉 화재탐지장치의 계통도 ···· 207
〈그림 3-49〉 Water Spray 장치 작동모습 ···· 209
〈그림 3-50〉 Water Spray 장치 계통도 ···· 209
〈그림 3-51〉 분말 저장용기 ···· 211
〈그림 3-52〉 질소 저장용기 ···· 211
〈그림 3-53〉 Monitor ···· 212
〈그림 3-54〉 Hand Hose Line ···· 212
〈그림 3-55〉 Remote Release Cabinet ···· 213
〈그림 3-56〉 고정식 분말 소화장치의 계통도 ···· 215
〈그림 3-57〉 이산화탄소 저장용기 ···· 216
〈그림 3-58〉 Release Cabinet ···· 216
〈그림 3-59〉 Main Delivery Valve ···· 217
〈그림 3-60〉 Nozzle ···· 217
〈그림 3-61〉 알람 장치 ···· 218
〈그림 3-62〉 고정식 이산화탄소 소화장치의 계통도 ···· 219
〈그림 3-63〉 휴대용 탄화수소 탐지기 ···· 221
〈그림 3-64〉 휴대용 메탄가스 탐지기 ···· 222
〈그림 3-65〉 Relieve Valve ···· 223
〈그림 3-66〉 Expansion Bellows 및 Loop Line ···· 224

I 천연가스 일반

01 천연가스의 물리 · 화학적 성질

02 세계 천연가스 산업의 현황

03 LNGC의 개요

01 천연가스의 물리 · 화학적 성질

1. 천연가스의 정의

천연가스(Natural Gas : NG)란 메탄(CH_4)을 주성분으로 하고 소량의 에탄(C_2H_6), 프로판(C_3H_8), 부탄(C_3H_{10}), 펜탄(C_3H_{12}), 이산화탄소(CO_2), 질소(N_2), 헬륨(He), 황화수소화합물(H_2Sn), 유분(Oily waste), 먼지(Dusts) 및 물(Water) 등이 포함되어 있는 화석연료를 의미한다.

이것은 천연가스전(Natural Gas Fields), 유전(Oil Fields) 및 탄전(Coal Beds) 등에서 산출되며 진정한 의미의 천연가스란 가스전에서 산출되는 가스를 말하기도 한다. 용어와 관련하여 석유가스(Petroleum Gas)의 경우 명칭상 천연가스가 아닌 것으로 오해하기 쉬우나 석유가스도 천연가스임에는 틀림없다.

가스전 등에서 채굴되는 천연가스는 그대로는 사용할 수가 없고 천연가스에 포함된 불순물(Impurities)을 제거해야 하는데 특히, 이산화탄소, 황화합물 및 물 등은 반드시 제거되어야만 한다. 왜냐하면 위에서 열거한 불순물은 대기를 오염시키거나, 독성으로 인체에 유해하며 또한 취급하는 장비에 치명적인 손상을 주기 때문에 사용 전에 반드시 제거공정(Natural Gas Processing)을 거친다.

채굴되는 천연가스의 성분비는 가스전마다 차이를 보이며 대략 메탄의 성분비가 85～99% 정도를 점유한다. 〈표 1-1〉은 천연가스의 주성분인 탄화수소의 일반적인 화학적 특성을 보여주고 있다. 즉 천연가스란 알칸기의 탄화수소류(C_nH_{2n+2})를 주성분으로 소량의 질소 등이 포함된 자연상태에서 채굴되는 가연성 가스를 총칭한다.

〈표 1-1〉 Characteristics of Natural Gas

Source : EIA

구 분	CH_4	C_2H_6	C_3H_8	C_4H_{10}	C_5H_{12}	N_2
Molecular Weight	16.042	30.07	44.09	58.12	72.15	28.02
Boiling Point at 1 bar absolute(°C)	-161.5	-88.6	-42.5	-5	36.1	-196°C
Liquid Density at Boiling Point(kg/m^3)	426.0	544.1	580.7	601.8	610.2	808.6
Vapor SG at 15°C, 1bar absolute	0.554	1.046	1.540	2.07	2.49	0.97
Gas/liquid volume Ratio	619	413	311	311	205	649
Flammable Limits in air by Volume(%)	5.3~14	3~12.5	2.1~9.5	2~9.5	3~12.4	Non-FL
Auto-Ignition Temperature(°C)	595	510	510	510	-	-
Gross Heating Value at 15°C(kJ/kg)	55,550	51,916	50,367	49,530	49,069	-
Vaporization Heat at Boiling P.(kJ/kg)	510.4	489.9	426.2	385.2	357.5	199.3
Critical Temperature(°C)	-82.1	32.3		-	-	-146.9
Critical Pressure(bar)	45.8	-48.2	-	-	-	33.5

2. 천연가스의 형성

지금으로부터 약 3억4천만년~2억8천만 년 전에 시작된 천연가스(Natural Gas)와 석유가스의 형성(Formation)에 대해서는 두 가지 가설이 있다. 그 하나는 천연가스는 땅과 바다의 동식물이 오랫동안 썩어서 생성된다는 견해와 다른 하나는 땅속의 수소와 탄소가 고온과 고압에 의해 합성되어 형성된다는 견해가 있으며 현재는 첫 번째 가설이 설득력 있게 받아들여지고 있다.

(1) 유기물 퇴적설

현재 대부분의 과학자들에게 의해 받아들여지는 생성가설로써, 화석연료(석유와 천연가스)는 유기물질(동물성 혹은 식물성 플랑크톤, 바다생물 등)이 지하에서 오랜 기간(수백만 년 이상) 동안 고온(120~225℃)과 고압(200기압 이상)에 의하여 유기물에서 산소 및 불순물 등이 제거되고, 수소와 탄소만 남은 형태가 되어 이것이 저류암(Reservoir Rock) 등에 스며들어 형성되었다는 가설이다. 또한 화석연료인 천연가스 및 석유는 퇴적물의 깊이, 온도 및 가해진 압력에 따라서 천연가스 혹은 석유(석유가스 포함)의 형태로 존재하게 된다. 즉, 'Shallower Deposits'는 저온 · 저압 및 낮은 깊이에서 주로 존재하는 석유 및 석유가스류를 의미하며, 'Deeper Deposits'는 대부분의 경우 순수 메탄이 매장되어 있는 천연가스전을 말한다(통상 지하 1.5~3km).

(2) 자연발생설

또 다른 천연가스 생성가설은 자연발생설(Abiogenetic Processes)로써 19세기 초 러시아 화학자인 'Dmitrii Mendeleev'와 프랑스 화학자 'Marcelin Berthelot'가 주장한 가설로 지구 내부의 깊은 곳에는 수소와 탄소가 풍부하게 매장되어 있으며, 지각운동의 결과 등의 원인으로 지각 근처로 이동한 탄화수소를 함유한 가스가 저류암에 스며들어 천연가스전을 형성한다는 이론이다.

유기물 퇴적설(Biogenic Processes)에 의하여 생성된 가스전이나 자연발생설에 의해 형성된 가스의 함유 가스 구성비의 성분은 같다.

3. 천연가스의 분류

좁은 의미의 천연가스는 산상(産狀), 성분(成分), 채굴되는 광상(鑛床) 형태에 따라 다음과 같이 분류할 수 있다.

(1) 산출되는 상태에 따른 분류

1) 유전 가스

유전(油田)지역의 원유(原油)와 함께 매장되어 있는 가스로서 메탄(CH_4), 에탄(C_2H_6)과 같은 저급 탄화수소보다는 프로판(C_3H_8), 부탄(C_4H_{10}) 등 고급 탄화수소가 주로 매장되어 있다. 이전에는 유전에서 채굴되는 메탄, 에탄을 유전의 압력조절용으로 사용하거나 무의미하게 태워버렸으나, 최근에는 발전소 혹은 담수화시설의 연료로 사용하고 있다.

2) 가스전 가스

순수하게 가스만 매장되어 있는 가스로 메탄을 주성분으로 하며 그 외 소량의 에탄, 프로판, 부탄 등 고급 탄화수소와 물, 이산화탄소, 이산화황화합물, 질소 같은 불순물을 포함하고 있는 가스이다. 일반적으로 천연가스라 함은 바로 이 가스전에서 채굴되는 것을 의미한다.

(2) 조성에 의한 분류

1) 습성 가스

습성 가스(Wet Gas)는 함유가스의 주성분이 비점(沸點)이 낮아 상온에서 액체 상태로 존재하는 펜탄(C_5H_{12}), 핵산(C_6H_{14}), 헵탄(C_7H_{16}) 등 고급 탄화수소가스가 많이 포함되어 있는 가스를 의미한다.

2) 건성 가스

건성 가스(Dry Gas)는 함유하고 있는 천연가스의 주성분이 비점이 높아 상온에서 기체상태로 존재하는 메탄(CH4), 에탄(C_2H_6) 등의 저급 탄화수소가스가 많이 포함되어 있는 가스이다.

(3) 가스광상에 의한 분류

1) 가스 광상

가스 광상(Gas Reservoir)은 천연가스만 매장되어 있는 광상이다.

2) 컨덴세이트 광상

천연가스에 컨덴세이트(Condensate)라는 경질(輕質)원유가 포함되어 있는 가스광상으로 원유는 천연가스 액화공정에서 추출하여 별도로 저장/판매한다.

카타르(Qatar) 북동쪽 25마일 부근 해상에 위치한 세계 최대의 천연가스전인 'North Gas Field'가 이에 해당하는데 그 수출항인 Ras Laffan에는 LNG Terminal과 함께 가스액화 중에 추출된 컨덴세이트(Condensate)와 황산(H_2SO_4)을 선적 수출하기 위한 설비가 갖추어져 있다.

3) **석유 광상**(Oil Reservoir)

석유가 매장된 유전에 석유와 함께 매장된 가스 광상으로 이 광상에 주로 매장된 가스는 고급 탄화수소인 프로판, 부탄 등이다.

4. 천연가스전의 구조

천연가스는 일반적으로 〈그림 1-1〉에서 보듯이 가스층(Gas Reservoir) 상부는 가스의 대기 누출이 차단되는 혈암 혹은 이판암(頁岩, 泥板岩, Shale)으로 되어 있으며, 하부는 물로 채워져 있는 일종의 배사(背斜, Anticline)구조의 암석 속 구멍이나 빈 틈 등에 고온 · 고압상태로 매장되어 있다. 〈그림 1-1〉, 〈그림 1-2〉는 각각 일반적인 천연가스층과 탄전가스전의 일반적인 구조를 나타낸 것이다.

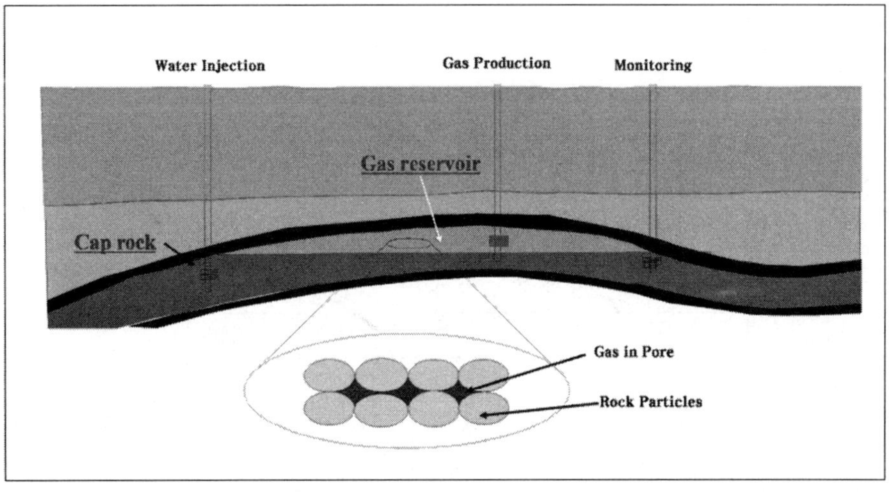

Source : KOGAS

〈그림 1-1〉 Structure of Natural Gas Reservoir 1

Source : Arrow Energy NL

〈그림 1-2〉 Structure of Natural Gas Reservoir 2

5. 천연가스의 조성

천연가스의 성분은 메탄, 에탄, 프로판, 부탄, 펜탄 등 탄화수소화합물이 주류를 이루고 있으며 특히, 메탄 에탄 등 분자 수가 적은 저급 탄화수소가 주류를 이룬다. 탄화수소 이외에 CO_2, N_2가 포함되고 소량의 H_2S, He, O_2, H_2 등도 함유한다. 천연가스는 육상으로 채굴되어 불필요한 성분들은 제거한 후 액화시겨 저장설비에 보관하며, LNGC를 이용하여 소비지역으로 수송된다. 〈표 1-2〉는 우리나라에서 도입하고 있거나 현재 생산되고 있는 세계유수의 산지별 천연가스의 조성(造成)표이다.

〈표 1-2〉 General Composition of Natural Gas by Countries

Brand	Qatar	Oman	Bintulu	Brunei	Arun	Badak	Alaska	Algeria
Methane	89.98	87.15	91.52	88.10	86.73	89.67	99.50	86.30
Ethane	6.34	7.72	4.60	5.00	8.43	5.63	0.10	7.8
Propane	2.22	3.17	2.93	4.90	3.85	3.25	–	3.20
Butane	1.05	1.58	0.77	1.80	0.93	1.36	–	0.70
Nitrogen	0.60	0.38	0.18	0.10	0.06	0.04	0.40	–
Mol	16.08	18.36	16.59	18.94	18.75	18.04	16.42	18.42
Denℓ /m	0.428	0.474	0.435	0.476	0.467	0.462	0.401	0.465
kcal/kg	13.204	12.934	–	13.030	12.980	13.040	12.190	13.190

6. 천연가스의 종류

(1) 가압천연가스

가압천연가스(Compressed Natural Gas : CNG)는 가스전 혹은 유전에서 채굴한 천연가스를 액화하지 않고 고압(3,600psig, 25MPa)의 가스 상태로 유지하여 파이프 라인을 통해 산지에서 소비지로 운송하는 형태의 가스다. 미국, 소련 등 내륙에서 존재하는 가스전에서 채굴된 천연가스나, 소비지(국)를 파이프로 연결하는 것이 가능하거나 경제적일 경우 이러한 방법으로 이송한다.

그러나 추운지방이나 소비지와의 거리가 멀리 떨어진 지역의 경우 거리에 의한 감압현상, 유출문제, 국경을 통과하는 경우 단절 가능성 등의 여러 가지 문제를 야기하는 단점이 있다. 그럼에도 불구하고 유럽 및 미국을 비롯한 전 세계 천연가스 거래의 약 80% 이상이 이 방법으로 거래되고 있다.

(2) Natural Gas Liquids

가스전에서 산출된 천연가스는 액화과정 혹은 불순물의 제거과정을 거쳐야만 우리가 연료 혹은 여러 가지 용도로 사용할 수 있다. 우선 불순물을 제거한 천연가스는 고압의 파이프 라인을 통하거나 액화해 소비지역으로 이송하게 된다. 이때 메탄과 에탄은 비점이 매우 낮아 액화과정이 매우 복잡한 액화 과정을 거쳐야 하는데 이늘 액화과정 숭에 비점이 상대적으로 높은 프로판, 부탄, 부탄 등의 고급 탄화수소들은 자연히 액체로 상변화를 일으킨다. 이때 액화된 탄화수소를 일반적으로 Natural Gas Liquids(NGLs)라 한다. 〈그림 1-3〉은 이러한 NGLs의 과정(Processing)을 보여준다.

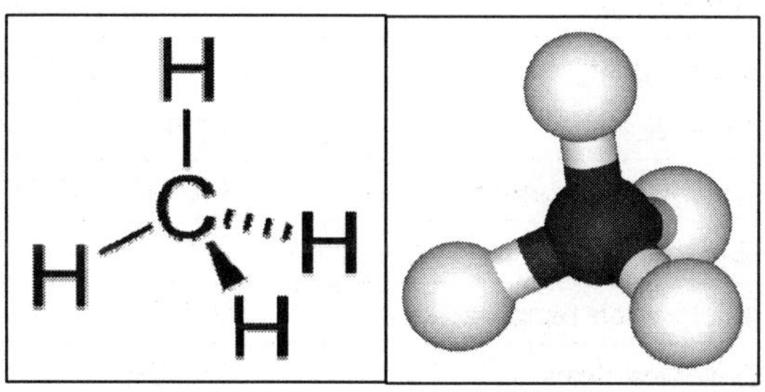

〈그림 1-3〉 Methane

(3) Methane Hydrate

메탄 하이드레이트(Methane hydrate, "Burning ice")는 낮은 온도와 높은 압력에서 천연가스의 주성분인 메탄 분자가 물분자 내에서 입체적으로 결합하여 형성된 고체상 결정체(Solid-phase crystal)를 말한다.

7. 천연가스의 일반적 성질

(1) 메탄의 일반적 특성

메탄(CH_4)은 천연가스를 구성하는 주성분으로 탄소와 수소가 결합한 탄화수소화합물 중 가장 간단한 구조식을 가진 탄화수소이며, 분자량 약 16.08, 비점(沸點-액화온도) −161.5℃, 비중 0.42, 임계온도(Critical Temperature : Tc ; 그 온도 이상에서는 아무리 압력을 가해도 그 기체는 액화되지 않는 온도) −82.1℃, 임계압력(Critical pressure : Tp ; 임계온도에서의 압력) 45.8기압, 무색, 무취이며 상온에서 가스 상태로 존재하는 천연가스이다. 이 가스는 음식물이 분해하면서도 발생하는데 쓰레기 매립장에서 배출되는 가스이기도 하다.

〈표 1-3〉은 메탄의 일반적인 화학적 특성을 개괄적으로 나타낸 것이다.

〈표 1-3〉 Methane

Molecular formula	CH_4
Molar mass	16.0425g/mol
Appearance	Colorless gas
Density and phase	0.717kg/m^3, gas
Solubility in water	3.5mg/100ml(17°C)
Melting point	−182.5°C(90.6K, −296.5°F)
Boiling point	−161.6°C(111.55 K, −258.88°F)
Triple point	90.7K, 0.117bar
Critical temperature	190.5K(−82.6°C) at 4.6MPa(45atm)
Flash point	−188°C
Autoignition temperature	537°C
Explosive limits	5∼15%

메탄의 연소 방정식은 다음과 같다.

$$CH_4+O_2 \rightarrow CO+H_2+H_2O+890kJ/mol$$
$$2H_2+O_2 \rightarrow 2H_2O$$
$$2CO+O_2 \rightarrow 2CO_2$$

(2) 기체의 비중(밀도)

1) 공기의 밀도(비중)

공기는 혼합물로써 산소(O_2)와 질소(N_2)가 주성분이며 기타 소량의 아르곤, 탄산가스, 네온, 헬륨 등으로 구성되어 있다. 공기의 주성분인 산소와 질소의 개략적인 중량비를 가지고 공기의 비중(무게)을 구하여 보면

	O_2	:	N_2
중 량 비	23		77
체 적 비	21		79

이므로, 공기 중의 N_2와 O_2의 체적비를 4 : 1로 두면

$$\text{공기의 평균분자량}=\frac{4N_2+O_2}{5}=\frac{4\times14\times2+1\times16\times2}{5}=28.9g$$

이고, 또 분자(mol)기체는 표준상태(0℃, 표준대기압 760mmHg)에서 22.4l를 차지한다는 "아보가드로 법칙(Avogadro's Law)"에 의해 표준상태의 공기밀도는 다음과 같다.

$$\rho_{AIR}=1.293g/l=1.293kg/m^3=0.001293g/m^3$$

2) 메탄의 비중(밀도)

메탄(CH_4)의 분자량 12+(1×4)=16이고, 따라서 메탄의 공기에 대한 비중(공기의 비중이 대략 28.9이므로≒0.55)은 반 정도이다. 그러나 이 경우는 메탄과 공기가 같은 온도일 때이고, 메탄이 액화되어 증발하는 시점에서의 온도

는 액화메탄의 비점과 거의 같으므로 상온의 공기보다 무겁다. 즉 메탄가스가 주위공기의 온도차에 의해 온도가 상승하여 −112.5℃까지 상승하면 비로소 공기보다 가벼워져 급속히 대기 중으로 상승, 확산된다. 그래서 LNG 운반선에서는 Vapor(BOG, 액화되었던 천연가스가 주위의 열을 흡수하여 다시 기화된 천연가스를 실무상 그렇게 부른다)를 대기 방출시킬 때 가스의 대기방출 온도를 −112.5℃ 이상으로 상승시킨 후 방출작업을 시행한다. 또한 메탄과 같은 분자량이 작은 저급 탄화수소가스는 분자확산계수가 크며 또 무거운 가스와 가벼운 가스가 교차하여 난류현상도 상당히 일어나므로 공기와 혼합이 빨라 급속히 따뜻해지는 경향이 있다.

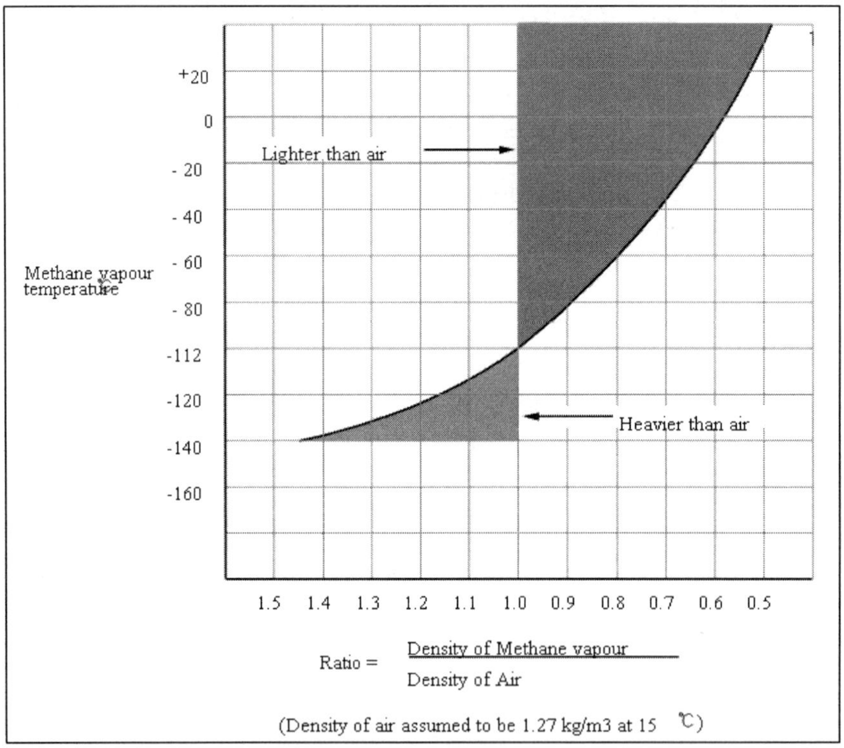

〈그림 1-4〉 Density Ratio Methane/Ambient Air versus Temperature

이 점은 상온에서 공기보다 무거운 프로판이나 부탄 등이 공기 하부로 확산, 이동하는 점에 비추어 메탄이 대기 중에 유출되어도 상대적으로 안정성이 높은 가스라고 간주되는 이유이다. 〈그림 1-4〉는 온도에 따른 메탄과 공기의 비중을 보여주는 그림이다.

(3) 에탄의 화학적 성질

에탄(C_2H_6)은 메탄을 제외하고 가장 간단한(가벼운) 탄화수소로써 무색, 무취 가스이다. 주로 천연가스나 석유함유가스로 산출되고 있으며 연료뿐만 아니라 액화천연가스의 액화공정에서 냉매로, 또한 에틸렌(Ethylene, C_2H_4)의 제조 원료로 사용되고 있다. 천연가스 산업의 관점으로 볼 때 천연가스에서 차지하는 함유량은 대략 6~13% 정도로 천연가스 열량조절에 중요한 가스이다. 이 가스는 분자량이 30으로 공기보다 약간 무거워 유출시 질식사고 발생우려가 있어 주의를 요한다.

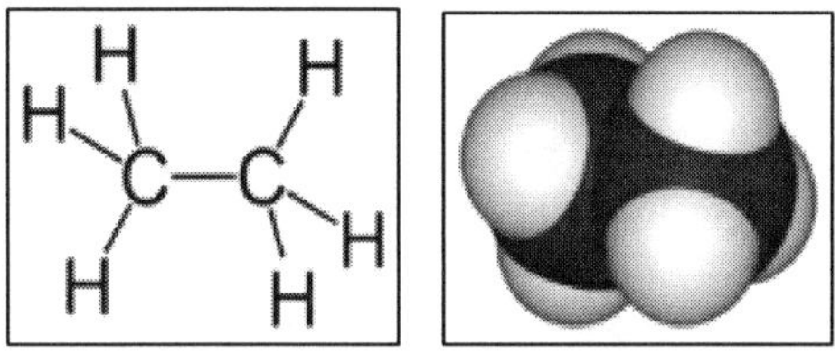

〈그림 1-5〉 Ethane

〈표 1-4〉는 에탄의 일반적인 화학적 특성을 나타내고 있으며, 연소 방정식은 다음과 같다.

$$C_2H_6 + 3\frac{1}{2} \rightarrow 2 + 3 + 1561kJ/mol$$
$$2C_2H_6 + 7O_2 \rightarrow 4CO_2 + 6H_2O$$

〈표 1-4〉 Ethane

Molecular formula	C_2H_6
Molar mass	30.07g/mol
Appearance	Colorless gas
Density and phase	1.212kg/m^3, gas
Solubility in water	4.7g/100ml(17°C)
Melting point	−182.76°C(90.34K)
Boiling point	−88.6°C(184.5K)
Triple point	90.7K, 0.117bar
Flash point	−135°C
Autoignition temperature	472°C
Explosive limits	3.0~12.5%

(4) 프로판의 화학적 성질

프로판(C_3H_8)은 유전(油田)에서 원유와 함께 함유가스로 산출되는 석유가스의 주성분으로 통상 부탄과 함께 액화석유가스(LPG : Liquefied Petroleum Gas)를 대표하는 가스로써 가정용 취사연료 및 자동차 연료로(부탄을 사용하는 경우도 많다) 광범위하게 사용되고 있다. 그러나 폭발적 위험은 별개로 하더라도 상온의 프로판가스는 분자량이 44로 공기보다 매우 무거워 대기 중에 유출시 치명적인 질식사고를 유발하므로 취급에 특별한 주의를 요하는 가스다.

연소 방정식은 다음과 같다.

$$C_3H_8+5O_2 \rightarrow 3CO_2+4H_2O+2220kJ/mol$$

〈표 1-5〉 Propane

Molecular formula	$CH_3CH_2CH_3$, C_3H_8
Molar mass	44.096g/mol
Appearance	Colorless gas
Density and phase	1.83kg/m^3, gas
Solubility in water	0.1g/cm^3(37.8°C)
Melting point	−187.6°C(85.5K)
Boiling point	−42.09°C(231.1K)
Flash point	−135°C
Auto-ignition temperature	493~604°C
Explosive limits	2.37~9.5%

(5) 가연성 가스의 폭발범위

연소(폭발도 연소의 일종이다)란 가연성물질이 발화원(불꽃 등)과 산소와 반응하여 열과 이산화탄소를 발생하는 화학반응으로 이해한다. 여기에서 연료와 산소의 비, 즉 폭발을 하기 위해서는 밀폐된 공간에 연료의 최저 필요량(범위, %)이 있어야 하며, 연료의 함유량이 너무 많으면 필요 산소가 부족하여 폭발이 일어나지 않는다. 이러한 관점에서 가장 간단한 탄화수소인 메탄은 발열량이 적어 폭발을 야기하는 범위가 좁아지며(상대적으로 폭발가능성이 적어짐을 의미한다) 에탄, 프로판 순으로 분자량이 큰 탄화수소의 폭발범위는 좁다.

LNGC의 실무상, 우리가 운송하는 천연가스는 메탄과 함께 에탄, 프로판 및 부탄 등도 함유하기 때문에 실제로 함유가스의 폭발범위는 메탄보다 좁아진다. 여기서 우리는 연소가스의 폭발범위의 하한을 LEL%(Lower Explosive Limit or LFL-Lower Flammability Limit)이라 하고 반대로 상한을 UEL%(Upper Explosive Limit or UFL-Upper Flammability Limit)라 하고 있다. 〈그림 1-6〉과 〈표 1-6〉은 각각 메탄의 폭발범위와 가연성 가스의 폭발하한/상한 범위를 보여준다.

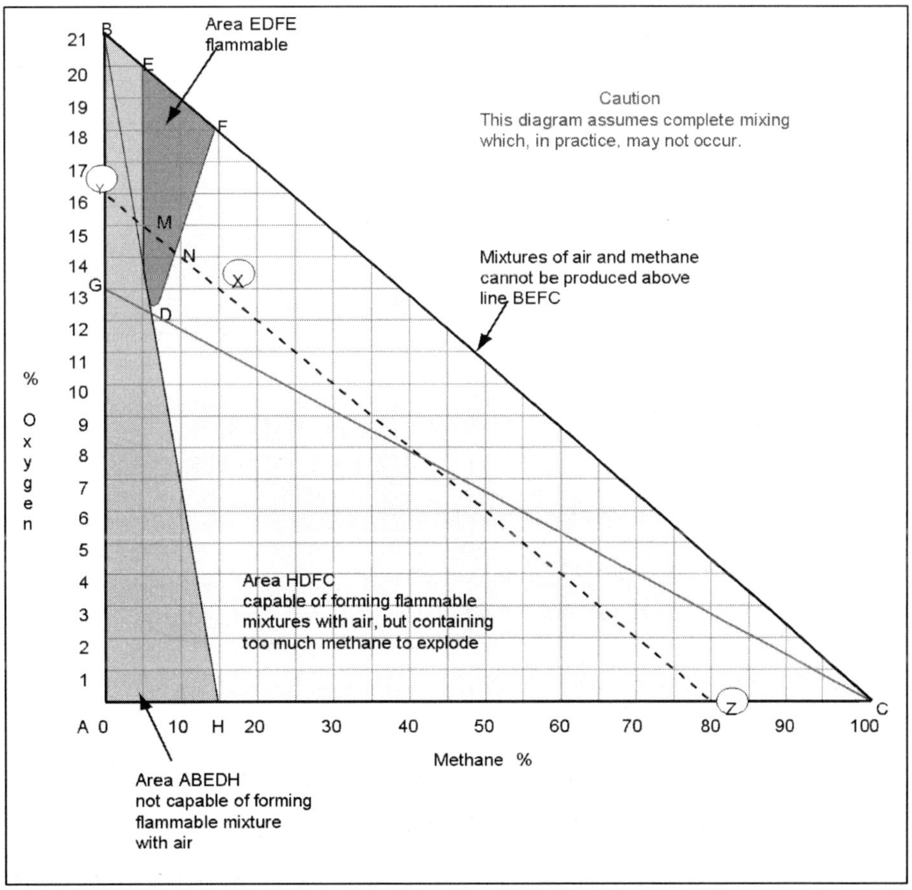

〈그림 1-6〉 Flammability of Methane, Oxygen and Nitrogen Mixtures

〈표 1-6〉 Explosive Limits of varies Gases

Source : KOGAS

Substance	LEL	UEL
Methane	5.0%	15.0%
Ethane	3.0%	12.5%
Propane	2.1%	9.5%
Butane	1.8%	8.4%
Pentane	1.5%	7.8%
Hezane	1.1%	7.5%
Octane	1.0%	7.0%
Heptane	1.05%	6.7%
Gasoline	1.4%	7.6%
Hydrogen	4.1%	74.8%
Kerosene	0.6%	4.9%
Propylene	2.0%	11.1%
Styrene	1.1%	6.1%
Toluene	1.2%	7.1%
Hydrogen sulfide	4.3%	46.0%

1) 그래프 설명

① 그래프의 수직축 A-B는 산소/질소 혼합비율(Oxygen-Nitrogen Mixtures)을 나타낸다.

- A점에서의 혼합비 : 산소 0%/질소 100%
- B점에서의 혼합비 : 산소 21%/질소 79%

② 그래프의 수평축 A-C는 메탄/질소 혼합비율(Methane-Nitrogen Mixtures)을 나타낸다.

- A점에서의 혼합비 : 메탄 0%/질소 100%
- C점에서의 혼합비 : 메탄 100%/질소 0%

③ 삼각형 ABC는 메탄, 산소 및 질소의 혼합비율을 의미한다.

④ D점에서의 혼합가스의 구성비

- 메탄(Methane) : 6.0%(Read on axis A-C)
- 산소(Oxygen) : 12.2%(Read on axis A-B)

- 질소(Nitrogen) : 81.8% (Remainder)

2) 메탄의 폭발범위

① 삼각형 'EDF' : 메탄의 폭발범위(5~15%)를 충족하므로 밀폐공간에서의 가스 치환작업이나 수리작업 시 범위에 들지 않도록 조치하여야 한다.

② 구역 'HDFC' : 이 구역에서는 메탄의 함유량이 폭발상한(15%)을 초과하므로 산소가 부족하여 폭발이 일어나지 않는다.

③ 구역 'ABEDH' : 어느 점에서도 메탄의 폭발조건을 충족시키지 못하므로 안전한 구역이다.

- A점에서의 혼합비 : 메탄 0%/질소 100%
- B점에서의 혼합비 : 산소 21%/질소 79%
- E점에서의 혼합비 : 메탄 5%/산소 20%/질소 70%
- D점에서의 혼합비 : 메탄 6%/산소 12%/질소 82%
- H점에서의 혼합비 : 메탄 20%/산소 0%/질소 80%

(6) 임계온도

물질의 상변화(相變化)는 온도, 압력 및 부피의 변화를 가함으로써 발생하게 되는데 기체의 경우 앞의 세 가지 요소를 변화시켜 액화하거나 기화시킬 수 있다. 그러나 비점(끓는점 혹은 액화점)이 매우 낮은 기체인 메탄, 질소, 산소, 헬륨 및 공기 등의 경우에는 어느 온도 이상에서는 아무리 압력을 가해도 기체는 상변화를 일으키지 않는데 그 때의 온도를 임계온도(Critical Temperature, Tc) 라 하며, 압력을 임계압력(Critical Pressure, Tp)이라고 한다.

〈그림 1-7〉과 〈표 1-7〉은 각각 상변화 그래프와 가스물질의 임계온도와 압력을 표시하고 있다.

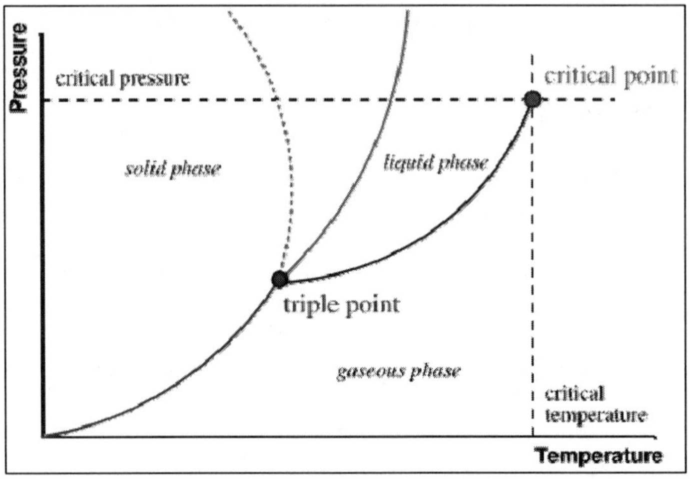

Source : Wikipedia, the free encyclopedia

〈그림 1-7〉 Phase Diagram

〈표 1-7〉 Critical Temperature and Pressure for Selected Elem

Source : Wikipedia, the free encyclopedia

Element	Critical temperature	Critical pressure
Mmethane	−82.6℃(190.5k)	45.9atm(2790kPa)
Ethane	32.2℃(305.2K)	48.8atm(4880kPa)
Propane	96.8℃(368.8K)	42.5atm(4250kPa)
Hlium	−267.96℃(5.19K)	2.24atm(227kPa)
Hydrogen	−239.95℃(32.2K)	12.8atm(1297kPa)
Nitrogen	−146.9℃(126.2K)	33.5atm(3390kPa)
Oxygen	−118.6℃(154.6K)	49.8atm(5050kPa)

8. 액화천연가스

메탄을 주성분으로 하는 천연가스를 대기압(표준기압, 1기압) 상태에서 약 −160℃까지 냉각시키면 이 가스는 액화하여 그 용적이 원래의 약 600분의 1로 줄어든 액체가 되는데, 이것을 액화천연가스, 즉 LNG(Liquefied Natural Gas)라고 하며 무색, 무취, 비중 0.425~0.550, 및 전기적 부도체의 화학적 성질을 보인다. 순수 메탄의 경우 액화온도는 정확히 −161.5℃이나 산출되는 LNG 중 메탄의 함유율이 100%인 것은 없고 90%(Alaska 'Kenai' blend는 메탄이 99.7%이다) 전후로 −157.5∼158.5℃ 부근에서 액화한다. 그러나 일부 터미널에서는 LNG 운송중 증발(BOG, Boil-Off Gas)량을 줄이기 위하여 액화공정 시 과냉각(過冷却)시켜 액온도를 −160.5℃까지 강하시킨다.

(1) 액화천연가스의 조성

위에서도 설명하였듯이 LNG는 천연가스와 같이 몇 가지의 탄화수소로 구성되어 있으나 주성분은 메탄이다. 그 외 에탄, 프로판 등이 함유되어 있으며, 질소도 소량이나마 용해되어 있다. 가스전에서 채굴된 천연가스는 탄화수소뿐만 아니라 인체에 유해하거나, 환경을 오염시키고, 사용장비 등을 손상시키는 불순물을 포함하므로 천연가스 액화공정과정에서 이를 제거해야 한다. 이러한 불순물들을 보면 물, 황화수소, 이산화탄소, 중탄화수소 등이 있다.

LNG의 밀도는, 즉 같은 부피 혹은 같은 무게라도 탄화수소 화합물의 조성(造成)비에 따라서 열량차가 있기 때문에 고급 탄화수소의 함유량비가 높을수록 커지며, 발열량도 높다. 이 때문에 LNG의 상업적 거래는 부피나 무게가 아닌 열량단위인 BTU는 British Thermal Unit의 약자로 질량 1lb의 순수물의 온도를 40℉에서 1℉ 높이는데 필요한 열량으로 정의되며, 1BTU＝251.996cal＝0.251996kcal, 1kcal＝3.96832BTU, 1MMBTU＝1,000.000BTU＝251,996kcal)로 거래를 한다.

(2) 액화천연가스의 저장/수송상 및 물리 · 화학적 특성

1) 저장/수송상 특징

① 약 −160℃ 내외의 초저온 액체이다.
- 저장설비 등은 초저온에 견딜 수 있는 저온재료를 사용한다.
- 온도차에 의한 신축과 열응력을 고려한 유효한 방열구조가 필요하다.
- 취급자는 저온장애에 의한 사전지식과 주의가 요구된다.

② 액화에 의해 상온에서의 가스에 비해 부피는 600분의 1로 줄어든다. 이 특성은 액화천연가스의 저장 및 수송에 유리한 특성이다.

③ 비(등)점 상태에 있는 액체이다. 기체↔액체 간의 상변화가 약간의 온

도, 압력변화에 의해서 또는 외부의 열침입에 의해서 포화증기압곡선을 따라서 일어나는데, 비점은 액체가 처음으로 증기를 발생하려하는, 또는 비등하기 시작하는 상태의 온도라고 할 수 있다.

④ 밀도는 물의 반 정도이다. 밀도는 생산지 천연가스 조성에 따라 다르며, 대략 0.425에서 0.555부근이다.

⑤ 가연성(可燃性)이나 그 Vapor의 연소범위는 좁다. 공기 용적 중에 5~14%가 존재하면 폭발성 혼합기체를 형성한다.

⑥ 대기로 누설하면 급속히 증발하여 수분을 응축 하얗게 구름을 형성한다. 참고로 필자가 국적 LNG 1호선인 “현대유토피아(Hyundai Utopia)호”에 인수 요원으로 파견되어 근무중일 때 목격했던 일이다. 당시 유토피아호가 Gas Trial 작업 가운데 LNG를 기화시켜 곧 바로 Vent Mast를 통해 대기 중으로 방출하는 작업을 하고 있었다. 방출을 시작하자 Vapor의 온도가 공기보다 무거워서(기체의 온도가 −112.5℃ 이하일 경우 공기보다 무겁다) 대기 중으로 방출되자마자 엄청난 구름띠를 형성하여 본선 밑으로 가라앉은 후 곧바로 온도가 상승하여 위로 올라가는 모습을 보았다. 한편으로는 아름다웠지만 또 한편으로는 LNG가 외부로 유출하면 주위에 엄청난 영향을 끼칠 것이라는 생각을 했던 기억이 있다.

2) 물리 · 화학적 특성

① 무색, 무취의 액체이다.

② 증발잠열이 크다(潛熱, Latent Heat이란 현열(顯熱), Sensible Heat와 대비되는 말로 어느 물질이 상변화를 일으키기 위해서 온도와 압력의 변화 없이 흡수 또는 발산하는 에너지를 말한다. 메탄의 경우 액체상태에서 기화를 하면 주위에서 121.9kcal/kg의 열을 흡수한 후에 기체로 변화를 일으킨다. 반대로 기체에서 액체로 상변화를 일으키면 그 만큼의 에너지를 배출한다. 후술하겠지만 이 현상은 항해중 Cargo Tank Cool-down의 이론적 배경이 되는 중요한 현상이다. 즉 액체+기화잠열=기체, 증기−기화잠열=액체이다.

- 메탄의 증발잠열 : 121.9kcal/kg

- 에탄의 증발잠열 : 116.9kcal/kg

③ 휘발성이 높다.

④ 점도가 낮다.

⑤ 유전력이 크고, 고도의 전기적 부도체이다. LNG가 부도체인 성질을 이용하여 탱크 내부에 Cargo Pump와 Spray Pump를 설치하여도 누전이나 전기적인 문제를 일으키지 않는다.

⑥ 부식성, 유독성이 없다.

⑦ 물에 거의 녹지 않는다.

(3) 천연가스의 액화공정

1) 천연가스의 분리와 처리

가스전에서 채굴된 천연가스에는 주성분인 메탄 이외에도 수분(H_2O) 포화탄화수소(C_nH_{2n+2}), 질소(N_2), 헬륨(He), 탄산가스(CO_2), 황화수소(H_2S), 수은(Hg) 등이 함유되어 있다. 천연가스를 액화하여 운송하고 다시 기화시켜 연료로 사용하기 위해서는 위에서 열거한 물질들을 분리 혹은 제거해야 한다. 이러한 일련의 불순물의 분리/처리 과정을 전처리 공정이라고 하며 천연가스(LNG)를 액화시키는 공정인 액화트레인(Train) 이전에 실시한다. 〈그림 1-8〉은 전처리 및 액화공정 Diagram이다.

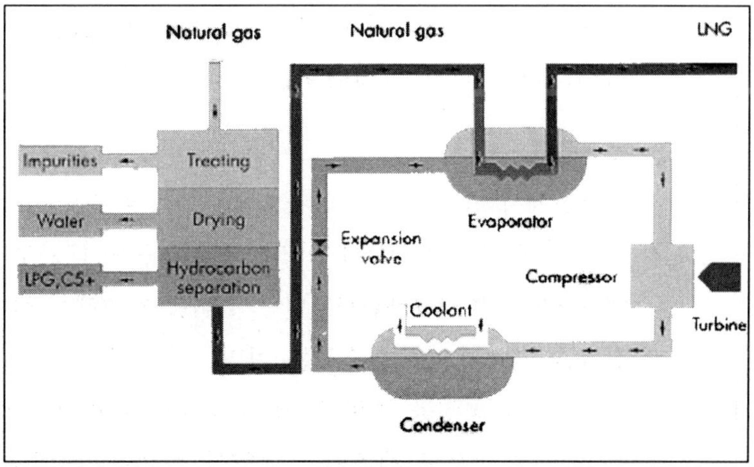

〈그림 1-8〉 전처리 및 액화공정 Diagram

① 수분제거

저온상태인 천연가스에 물이 함유되어 있으면 가스 수화물(Hydrate, 水和物)이라고 하는 밀가루와 같은 백색의 고체를 형성하고 이것이 파이프를 막거나 유사의 액화설비를 파괴한다. 이렇게 만들어진 수화물이 육상 파이프를 통해 LNGC로 유입되면 각종 저온밸브, 카고탱크(Cargo Tank)의 펌프(Pumps), 스트레이너(Strainers) 및 기타 선박의 하역설비 등에 심각한 손상을 줄 수 있기 때문에 반드시 제거해야 한다. 일반적으로 천연가스에 포함되는 수분의 허용범위는 15℃, 1기압에서 천연가스 10m단위에 수분함유량 96~127g이다. 수분을 제거하는 데에는 다음과 같은 방법들이 이용되고 있다.

- 혼합가스를 물의 어는점(빙점, 0℃)까지 냉각시켜 천연가스의 수분을 얼음상태로 분리하여 처리하는 방법
- 수분함유가스를 단순 팽창. 냉동법을 이용 제거하는 방법(주울 톰슨효과)
- 용액 흡착. 흡수제(트리에틸렌글리콜)를 이용한 방법
- 고체 흡착. 흡수제(Molecular sieve)를 이용한 방법

② 탄화수소 혼합물(NGLs) 제거공정

지하 가스전에서 채굴된 천연가스에 탄소수가 메탄보다 많은 고분자 탄화수소 혼합물이 혼합되어 있다. 이것을 분리하면 더 고가의 값으로 판매할 수 있고, 또 가스의 발열량 등을 일정하게 하기 위해 이를 분리해 낸다. 천연가스에서 주로 분리되는 탄화수소들은 프로판, 부탄, 펜탄 등이 있으며 가정용 취사연료 및 자동차 연료 등의 용도로 재활용된다.

③ 탈황공정

가스전에서 채굴되는 천연가스에는 상당한 양(5g/m^3 이상)의 황화합물(H_2S)이 함유되어 있는데 이러한 황화합물이 대기로 방출되면 심각한 공해문제를 유발하게 되므로 반드시 이를 제거해야 한다. 탈황공정은 황화합물을 선택적으로 흡수하는 아민류의 흡수제를 이용하여 처리하고 있다. 이러한 공정을 스위트닝(Sweetening)이라고 하며, 분리된 황화합물은 황과 황산으로 제조되어 다양한 석유화학산업용 원료로 사용된다.

④ 탄산가스의 제거

채굴된 천연가스에는 최고 45vol%까지의 탄산가스(CO)를 함유한다. 다량의 탄산가스는 질소와 마찬가지로 발열량에 큰 영향을 미치게 되므로 제거되어야 한다. 또한 이산화탄소는 −56℃에서 고체인 드라이아이스(Carbon Dioxide Snow)를 형성하여 육상 및 선박의 설비에 치명적인 손상을 입히므로 어떠한 경우를 막론하고 제거해야 한다.

⑤ 먼지와 유분의 제거

먼지(Dusts)란 천연가스를 지하로부터 채취할 때 함께 토출되는 모래와 이것에 의해 마모된 장치들의 분진을 총괄하여 일컫는 말이다. 이것은 LNG 액화설비를 크게 손상시키며, 액화설비 가운데 특히 고속회전을 하는 펌프, 압축기(Compressor) 등의 임펠러(Impeller)에 큰 손상을 준다. 또한 이러한 설비를 위해 이용되는 윤활유가 급격히 압력이 변화하여 미세한 입자로 분산된 유분을 형성하고 천연가스에 포함되므로 반드시 제거되어야 한다. 일반적으로 사이클론, 정전기 침전법이나 기름을 이용한 스크러빙(Scrubbing) 방법을 써서 먼지와 유분을 제거시킨다.

⑥ 헬륨의 분리(이용)

헬륨(He)은 대표적인 불활성 기체로 지구상에 존재하는 양이 매우 적어 고가로 판매되는 기체로써 레이저 튜브(Laser Tube) 제작, 초전도체(Supper Conductor)를 이용한 단층촬영기 등의 냉매로 사용되는 가스인데 물질의 선택도(Selectivity)와 친화도(Affinity)를 통해 분리/저장하여 별도로 판매한다.

2) 천연가스 액화공정

가스전에서 채굴된 천연가스는 탈황시설 등 여러 공정을 거쳐 불필요한 물질을 제거한 후 저장/수송을 위해 액화공정을 거치는데, 산지(수출항)에 건설되는 액화트레인은 통상 복수로 건설되며 기당 용량은 대략 3백만톤/년 가량이나, 최근에는 액화용량이 기존설비의 2배가 넘는 연간 7백만톤의 LNG를 생산할 수 있는 대형액화설비를 설치하는 추세다. 천연가스는 임계온도(−82.1℃)

가 낮기 때문에 일반적인 방법으로는 액화시키기가 어렵고 다음과 같은 특수한 방법으로 액화시킨다.

① 팽창법(Turbo Expander Cycle Method)

독일의 화학자인 'Carl Paul Gottfried von Linde'에 의하여 고안되었으며, 비점이 매우 낮은 공기 등을 액화하는데 효과적인 방법이다. 보통 공기를 액화(비점 −194.3℃)할 때도 사용하는 방법으로 기체를 약 200기압의 고압으로 압축하여 냉각한 후 팽창변으로 분출하면 기체가 급냉해 일부는 액화되고 나머지 기체는 펌프로 되돌려져 재액화과정을 되풀이 한다. 이 과정을 반복하여 비점이 매우 낮은 기체를 액화시킨다.

〈그림 1-9〉는 공기액화장치의 개념도로 "A"에서 흡수한 공기를 고압 펌프 "B"를 이용하여 약 200기압까지 가압시켜 "C"로 보낸다. "C" 부근을 지날 때 고온 고압의 공기는 냉각된다. 냉각된 공기가 "D"를 통과하여 Valve "E"에서 단열팽창으로 고압의 공기는 급냉하여 일부가 액화된다. 액화되지 않은 공기는 다시 되돌려져서 같은 과정(Cycle)을 반복하게 되는 것이다. 이 방법은 설비가 저렴하고 간단하여 LNG Peak-Sheaving(일시적인 수요에 대처하기 위하여 생산량을 증가시키는 개념) 시 주로 채용하고 있으나 생산량이 한정되어 대형의 LNG 액화설비에는 적절하지 않다.

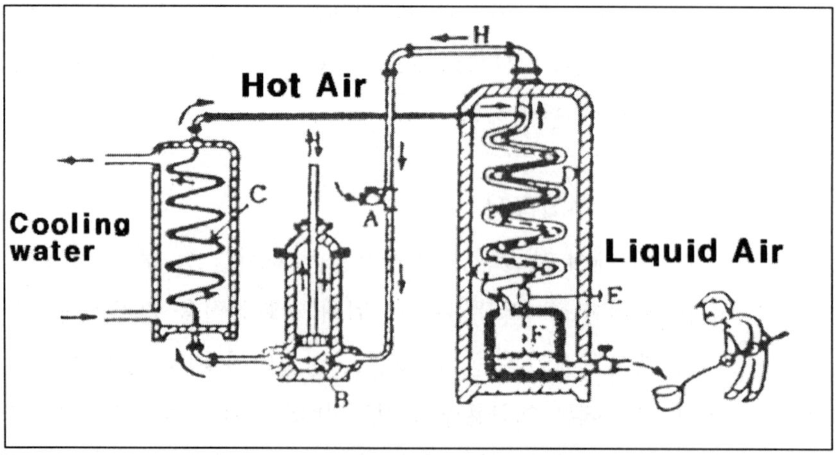

〈그림 1-9〉 린네의 공기액화장치의 개념도

② 다단냉동법(Cascade Cycle)

천연가스 액화과정을 3개 냉각회로를 사용하여 액화시키는 방법으로 1차 냉각 Precooling Cycle에서는 저온부에는 비점이 높은 프로판(비점 −42.1℃)을 냉매로 사용해 NGLs를 회수하고, 2차 냉각 사이클에는 비점이 낮은 에탄(비점 −88.6℃), 에틸렌(Ethylene, C_2H_4, −103.7℃)을 사용하며 마지막 냉각트레인에는 메탄을 냉매로 사용하여 액화시킨다. 이 방법은 다음에 소개하는 혼합법과 더불어 대부분의 LNG 액화설비로써 사용되고 있으며 설비의 제조사에 따라 사이클이 추가되거나 냉매를 다른 기체로 사용한다.

③ 혼합법(Mixed Refrigerant Cycle or Multi-Component Refrigerant)

질소가스에 프로판이나 에탄 등을 혼합하여 만든 혼합기체를 냉매로 하여 Precooling Cycle, Main Cooling Cycle, 압축기, 분리기 및 열교환기를 통과시켜 천연가스를 액화하는 방법이다.

02 세계 천연가스 산업의 현황

우리가 사용하는 주요 에너지인 석유(Oil), 석탄(Coal) 그리고 천연가스(Natural Gas)는 화석연료로서 약 35억년 전 지구에 생명체가 지각의 변동 등으로 땅속에 묻혀서 오랜 세월 동안 압력과 열 및 화학작용에 의해 형성되었으며, 이 중 천연가스는 육지와 인접한 해저분지에서 플랑크톤이 진흙 등의 퇴적물에 의해 공기가 차단된 고온, 고압상태에서 생성된 것으로 추정하고 있다. 천연가스의 존재는 지질학적으로 약 6억년 전으로 거슬러 올라가며 로마 시대의 고대문명에서도 천연가스는 잘 알려진 존재였다.

극동 특히, 중국에서는 땅으로부터 분사하는 불의 이야기가 여행 상인이나 선교사들에 의해 알려지고 있었으며 기록상 최초로 천연가스를 이용한 나라는 중국으로 지금으로부터 약 3000년 전 지하 600m 깊이의 가스전에서 대나무 통을 가스전에 박아 천연가스를 채취하여 소금제조와 가정용 연료로 사용했다는 기록이 전해온다.

한편, 유럽에서의 가스의 상업적 최초 이용기록은 1802년 이탈리아 제노아(Italy, Genoa)에서 연료로 천연가스를 사용한 것이며, 미국에서의 최초의 가스사용은 1821년 미국 뉴욕주의 프레도니아(Fredonia) 지방에서 가로등용, 가정 난방용 및 공업용 연료로 사용했다는 기록이 있다. 그 당시 전해 내려오는 이야기에 의하면 가스등을 낮에도 켜 놓았는데 그 이유는 가스가격이 워낙 저렴하여 켜 놓았을 때 드는 비용이 소등하는데 드는 인건비보다 저렴했기 때문이라고 한다.

이렇듯 초기의 천연가스 이용은 저장 및 수송상(輸送狀)의 어려움 등으로 인해 가스전(田) 부근에 위치한 지역에서의 사용이 주류를 이루어 왔다. 그러다가 1940년대 후반 제2차 세계 대전 이후 파이프의 제조기술 및 용접기술의 발전으로 천연가스를 가스전으로부터 대규모 소비지역인 공업지역 또는 도시 지역까지 파이프 라인으로 수송할 수 있게 됨으로써 천연가스 산업이 비약적으로 발전하였다.

1845년 영국의 화학자인 "Faraday"에 의하여 최초로 천연가스의 주성분인 메탄(CH_4)을 액화(沸點, −161.5℃)시키는데 성공하였다. 그러나 그 당시에는 이러한 저급 탄화수소인 메탄을 저장/수송할 수 있는 초저온에 견딜만한 저온 재료가 개발되지 못하여 액화천연가스(LNG : Liquefied Natural Gas) 형태로의 수송은 큰 진전을 보지 못하였다. 그 후 과학기술의 발달과 초저온재료 관련 기술의 발달로 천연가스 액화플랜트(LNG Liquefaction Plant) 건설이 성공하였으며, 3.5% Nickel강을 재료로 한 액화천연가스 저장탱크를 제작하는데까지 성공하는 등 많은 천연가스관련 기술진보가 이루어졌다.

한편으로는 이러한 기술개발과정에서 수반되는 많은 시행착오와 대규모 LNG 저장탱크의 누출사고가 발생하여 대형 인명참사가 발생하기도 하였는데 이러한 여러 우여곡절 끝에 마침내 1954년 미국의 '콘스탁(Constock)사'에 의해 LNG Barge 'Methane(5,000m^3)'호가 건조되어 최초의 해상수송의 길을 열었으나 LNG를 탱크에 선적하는 과정에서 저온에 의한 탱크의 수축을 제대로 흡수하지 못한 방열재(防熱材, Balsa의 일종)의 변형에 이은 파괴로 실패하였다.

계속된 연구 끝에 3년 뒤인 1958년 세계 최초의 LNGC 메탄 파이오니어호(Methane Pioneer)가 건조되었고 이 선박은 미국의 루이지애나(Louisiana)주 미시시피강(Mississippi River) 연안에 소재한 'Trunkline LNG Terminal'에서 5,000m^{3}의 액화천연가스를 선적하고 대서양을 횡단하는 22일 간의 장기항해 끝에 마침내 1959년 2월 20일 영국의 템즈강(Thames River)가에 위치한 컨베이(Canvey)섬의 LNG Receiving Terminal에 무사히 도착함으로써 역사적인 최초의 상업수송의 시대가 개막되었다.

우리나라의 천연가스 산업의 발전과정을 간단히 살펴보면, 1907년 6월 27일 일본자본 회사인 일한와사주식회사(日韓瓦斯株式會社)가 최초로 설립되었고 이 회사는 1909년 11월 3일 일본인 상가와 거주지 밀집지역을 대상으로 처음으로 석탄에서 추출한 석탄가스를 공급하기 시작하였는데 이것이 우리나라가 최초로 천연가스를 사용한 기록이다. 이 회사는 1915년 경성전기주식회사(京城電氣株式會社)로 상호를 변경하였고 우리나라가 해방될 때까지 운영되었다.

그러나 1945년 해방으로 일본자본과 기술이 우리나라를 철수하였고 연이은 6.25전쟁으로 한국의 천연가스산업은 20여 년 동안 암흑기를 거쳐야 했다. 이후 1964년 한미 합작회사인 대한석유공사(大韓石油公社)가 설립되어 울산에

정유공장이 준공되었고, 원유정제과정에서 부가적으로 추출되는 액화석유가스(LPG, Liquefied Petroleum Gas)를 생산하여 관련업체에 공급/판매함으로써 우리나라의 천연가스 산업은 서서히 기지개를 켜기 시작하였다. 그러다가 1973년 발발한 제4차 중동전을 계기로 1974년 1차 석유파동 및 1979년 2차 석유파동이 발생하였다. 이 파동으로 무연탄을 제외한 대부분의 에너지를 수입에 의존하고 있던 우리나라는 큰 타격을 입었으며 에너지의 중요함과 함께 에너지의 안정적 확보와 에너지원의 다원화의 필요성을 절감하게 되었다.

특히 석유에 대한 에너지 의존도를 줄이기 위한 다양한 방안이 강구되었는데 그 당시 매장량이 풍부하고 환경친화적인 액화천연가스에 관심을 갖기 시작하였다. 이런 과정을 거쳐 마침내 1979년 천연가스를 효율적으로 취급 및 관리하기 위해 도시가스사업법이 제정되었으며, 많은 연구 및 타당성 조사를 거쳐 산업자원부(구 동력자원부) 주도로 1981년 경제장관협의회에서 "액화천연가스(LNG) 사업기본계획"을 의결하고 LNG사업을 전담할 법인체로 1983년 한국전력의 자(子)회사 형태인 한국가스공사(Korea Gas Corporation, KOGAS)가 설립되었다.

1986년 10월 31일 최초로 액화천연가스를 만재한 LNGC(125,00m^3, Golar Spirit호)가 평택의 LNG 인수기지에 입항하였으며, 그해 11월 21일 평택화력발전소에 발전용 천연가스를 공급하기 시작하였고 다음해인 1987년 경기도 부천시의 7,000여 세대에 취사 및 난방용 도시가스(천연가스)를 공급함으로써 우리나라 천연가스 소비시대의 서막이 열렸다.

국내의 천연가스 산업은 환경친화적 이점, 이용의 편리성, 경제성 등의 장점으로 소비량이 기하급수적으로 증가하였고, 이런 수요에 대응하기 위해 천연가스배관망건설, LNG 인수기지증설 및 LNGC 발주 등으로 이어져 2007년 연간 천연가스 소비량 2800만 톤, 17척의 LNGC를 보유/운항하는 세계 제2의 LNG 소비국이 되었다.

현재도 전 세계에서 생산/판매되는 대부분의 천연가스의 국제간의 상거래 방식은 액화천연가스(LNG) 형태가 아닌 기체(Vapor)상태의 천연가스(CNG : Compressed Natural Gas) 상태로 파이프 라인(PipeLine)을 통해 교역이 이루어지고 있다. 그러나 우리나라, 일본, 대만 등 지리적으로 천연가스를 파이프 라인을 통해 도입할 수 없는 나라의 경우 천연가스를 LNG 상태로 만들어 수입을 해야만 하고 또 한편으로는 위에서 언급한 수송방식이 육상에 의한 방법보다 경쟁력과 정치 · 경제적으로도 이익이 되고 있으며 수입다변화 정책에도 부합되는 측면이 있다. 최근 천연가스의 국제거래 추세를 보면 그 수요가 빠르게 증가하고 있는데, 특히 LNGC에 의한 액화천연가스의 교역증가가 눈에 띈다. 그동안 대부분의 천연가스를 파이프를 이용해왔던 유럽지역, 특히 프랑스, 이탈리아, 스페인 등의 국가에서 LNG에 높은 관심을 보이고 있으며 실제로 이들 국가들은 천연가스 개발 프로젝트에 적극적으로 참여하고 있다.

원래 영국과 노르웨이 양국은 북해유전 개발과정에서 얻어지는 천연가스를 수출하는 국가였으나, 천연가스 매장량감소 및 천연가스의 급속한 소비증가 추세를 감안하면 수 년 내 대규모의 액화천연가스를 도입해야 하는 주요한 천연가스 수입국으로 전환될 것으로 분석되고 있어 이들 나라에서도 액화천연가스 프로젝트 개발에 많은 관심을 보이고 있는 실정이다.

천연가스를 액체상태로 운송할 수 있도록 건조된 LNGC(Liquified Natural Gas Carrier)는 초기의 바지선 수준에서 145,000m^3(CBM)형의 초대형 선박을 건조할 수 있을 정도로 많은 기술개발이 이루어졌으며, 수요자의 대량수송요구와 원거리 수송의 필요성에 맞춰 더욱더 대형화 · 첨단화가 이뤄질 것이다. 카타르 가스(QatarGas)사는 국내 조선 Major 3사(현대중공업, 대우중공업, 삼성중공업)에 215,000m^3 및 265,000m^{3}의 거대 LNGC를 발주하였다.

LNGC의 선가(船價)를 살펴보면 1990년에 2억 6천만 달러(약 3000억 원)에 발주되었으나 2001년 1억 7천만 달러(약 2000억 원)이하로 발주가 이루어지고 있으며 최근에는 2억 달러 선에서 발주가 이루어지고 있다고 한다. 그러나 선가는 기술혁신 및 조선소 간 경쟁 등으로 건조가격은 지속적으로 하락할 것으로 보고 있다.

지금까지 LNGC의 주 기관(Main Engine)은 항해중 천연가스의 자연증발에 의하여 발생하는 BOG(Boil-Off Gas) 처리문제 때문에 스팀터빈(Steam Turbine) 엔진을 탑재하여 왔으나, 터빈엔진은 디젤엔진에 비하여 열효율면에서 경제성이 떨어지는 단점이 있다. 이러한 문제를 해결하기 위하여 선박에 탑재가 가능한 재액화장치의 개발을 연구해왔으며 최근 이 장치의 개발이 이뤄져 디젤엔진을 탑재한 74,000m³급 LNGC가 프랑스의 "Atlantique" 조선소에서 최초로 건조 운항중이다. 최근에는 LNGC의 대형화에 적합한 엔진개발에 박차를 가하여 천연가스와 연료유를 함께 사용할 수 있는 DFDE(Dual-Fuel Engines and Electric Propulsion)을 개발하였다. 또한 고효율의 재액화설비를 탑재한 TSDE(Twin Two-Stroke Diesel Engines with Boil-off Re-liquefaction) LNGC가 운항되고 있다.

전 세계 천연가스 산업은 2001년 미국에서 발생한 9.11 테러사건을 계기로 항만보안과 관련하여 안전문제가 대두되고 있으나 새로운 LNG 운반선의 형태인 RV(Regasification Vessel) 및 FSRU(Floating Storage Regasification Unit)의 개발로 대처하고 있다.

세계 최대의 에너지소비국인 미국이 천연가스 수입국으로 전환하여 막대한 양의 LNG를 수입해야 하게 되었으며, 스페인, 프랑스, 이탈리아 등 유럽국가의 천연가스 수요급증 및 중국과 인도의 경제개발에 따른 막대한 양의 에너지 수요가능성 등을 고려하면 LNG 산업은 제2의 도약기를 맞을 것으로 기대된다. 이렇듯 LPG 산업과 함께 초기의 부진함에서 벗어나 지구환경문제의 대두와 석유자원의 한계 등의 요인으로 석탄과 석유를 대체할 새로운 에너지 산업으로 급속히 성장할 것으로 보이며 이에 우리는 액화천연가스와 LNGC에 대한 보다 많은 관심과 노력을 기울여야 할 것으로 생각된다[1].

1. 전 세계 천연가스 생산량

2004년 전 세계 천연가스 생산량은 20억 7천 1백만 톤(99,665Billion Cubic Feet, Bcf)으로 2003년 대비 3.9%의 소폭 증가하였다. 주요 천연가스 생산국을 살펴보면 미국이 22,430Bcf(22.5%)를 생산하여 세계 생산국이 되었으며 그 뒤를 러시아(16,022Bcf, 16.1%)가 잇고 있으며 독일(3,576Bcf, 3.6%), 영국(3,477Bcf, 3.5%), 캐나다, 이란, 우크라이나, 이탈리아, 사우디아라비아, 알제리, 인도네시아, 카타르 등이 뒤를 이었다. 그러나 중동 동남아시아 등의 일부

1) LNG는 Liquefied Natural Gas의 약자로 미국 등지에서는 이를 Refrigerated Natural Gas라 하고 있다(資料, Poten & Partners, March 18, 2002).

국가를 제외하고는 대부분 국가는 기체상태로 파이프 라인을 이용 운송하므로 실제 액체상태로 LNGC를 이용하여 해상운송이 이뤄지는 양은 약 1억 8천 만 톤 정도이다[2].

천연가스 이동형태를 살펴보면 미국은 자국에서 생산되는 천연가스를 전량 소비(지리적인 원인으로 알라스카에 소재한 Kenai 가스전에서 생산하고 있는 천연가스는 LNG 형태로 일본에 수출하고 있다)하여도 부족하여 남미, 아프리카 및 중동지역 등에서 대량의 LNG를 수입하고 있다. 천연가스 생산과 관련하여 우리는 미국과 카타르를 주목해야 할 것이다.

미국은 향후 세계 최대의 천연가스 수입국의 반열에 오를 것으로 예상되며, 한편 카타르는 세계 최대 가스전을 보유하고 있어 개발여하에 따라 천연가스 산업을 주도할 것으로 평가되기 때문이다. 러시아는 파이프 라인을 통해 이웃한 동구권 및 구소련 국가로 수출을 하고 있으며, 중동지역의 경우 자체 소비 여력 부족과 주변지역에 파이프로 수출할 수 있는 적당한 거리의 대규모 소비 국가가 없는 점, 또 석유자원의 한계성 노출 등의 여건으로 대규모 천연가스 사업의 추진조건을 잘 갖추고 있다.

또한 일본, 한국, 중국, 대만 등 대규모 LNG 소비국이 동남아시아(인도네시아, 말레이시아, 부루나이 등) 천연가스 생산국의 자원고갈과 수입 다변화 정책, 초대형 LNGC의 등장 등의 요인으로 경제성이 입증되어 중동지역의 천연가스 개발 프로젝트가 활발하게 진행중이다. 이에 따라 중동지역으로 운항되는 LNGC의 수요와 함께 미국으로의 수송수요도 상당히 증가할 것으로 예상되고 있다. 결론적으로 말하면 천연가스 산업은 이제 막 도약하려고 하는 단계라고 볼 수 있다.

〈그림 1-10〉은 세계의 주요 천연가스 생산국가의 생산량을 나타낸 것이다.

---

2) 2005년 천연가스 생산량은 약 20억 7천만 톤이며, 약 10% 정도인 1억 8천만 톤 가량이 LNG 형태로 운송 거래되었다.

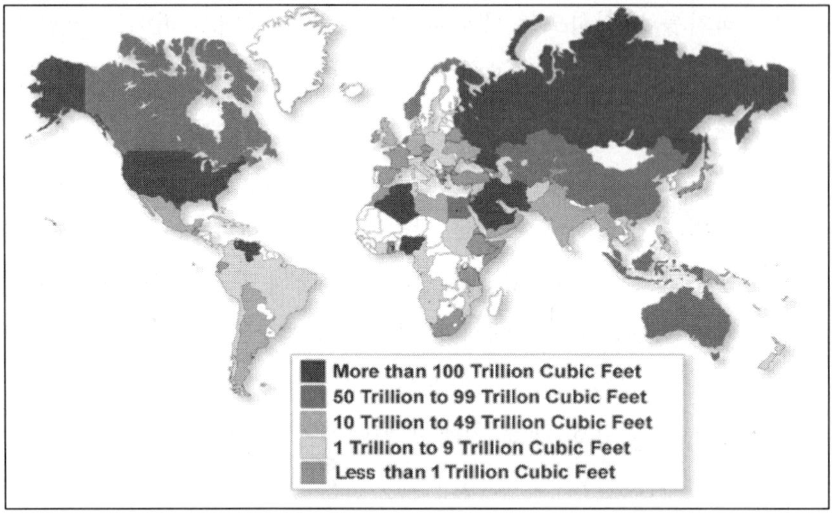

Source : Society of Petroleum Engineers

〈그림 1-10〉 World Natural Gas Reserves(2004)

2. 전 세계 천연가스 소비현황

천연가스의 소비형태는 가스전에서 채굴되는 원상태의 가스를 파이프 라인을 통하여 공급/소비하는 형태와(전체의 약 90% 가량) 일부분이 액화공정을 거쳐 LNG 상태로 LNGC를 이용하여 소비지역 터미널에서 이것을 다시 기체로 만들어(기화공정) 파이프 라인을 통해 발전소나 도시가스 난방용으로 공급·소비하는 방식으로 나눌 수 있다.

파이프 라인을 통한 천연가스 수송방법은 근거리의 경우 생산과 공급지역이 육지로 연결되어 파이프 라인의 건설과 유지/보수가 수월한 지역의 경우 장점이 있으나 수요/공급지역이 원거리거나 바다를 통할 때는 관리와 수송에 어려움이 따르고 특히 파이프 라인이 다른 국가를 통과할 경우에는 국가 간의 마찰이나 정치·경제적 원인에 의해 천연가스의 안정적인 수급에 치명적인 결과를 가져와 해당 국가의 경제에 수치로 환산이 어려울 만큼 심각한 악영향을 준다. 이러한 이유로 지금까지의 파이프 라인을 통한 천연가스 거래의 대부분은 옛날의 소련을 포함 한 동구권과 서유럽 등에서 활발하게 이루어졌으며 미국, 캐나다 등은 자국 내의 이동이 이루어져 왔다.

한편 일본, 한국 및 대만을 포함한 아시아 국가의 경우 산업규모에 비해 천연가스 매장량이 거의 전무하여 대규모의 천연가스를 필요하여 도입계획을 수립하였으며, 위에서 설명한 원인으로 매장량이 풍부한 소련으로부터는 도입을 고려하지 못하고 동남아시아, 호주, 알라스카 등지에서 LNG 도입 프로젝트를 전개하였다.

〈표 1-8〉 World Dry Natural Gas Consumption, 1999~2004(Bcf)

Source : EIA(Energy Information Administration)

Country	1999	2000	2001	2002	2003	2004
United States	22,405	23,333	22,239	23,007	22,277	22,430
Russia	14,013	14,130	14,412	14,567	15,291	16,022
Germany	3,151	3,098	3,239	3,204	3,566	3,576
Canada	3,108	2,991	3,121	3,173	3,373	3,385
Ukraine	2,755	2,779	2,617	2,779	3,023	3,051
Iran	2,112	2,221	2,478	2,798	2,910	3,021
Japan	2,736	2,833	2,831	2,928	3,045	2,950
Italy	2,396	2,498	2,505	2,488	2,732	2,847
Saudi Arabia	1,632	1,759	1,896	2,002	2,121	2,319
Netherlands	1,705	1,725	1,769	1,767	1,775	1,812
Mexico	1,262	1,398	1,395	1,568	1,701	1,782
Uzbekistan	1,423	1,511	1,596	1,642	1,670	1,773
France	1,383	1,403	1,471	1,528	1,511	1,604
UAE	1,094	1,110	1,147	1,287	1,338	1,424
China	782	902	974	1,061	1,143	1,351
Argentina	1,143	1,173	1,103	1,069	1,221	1,337
Indonesia	1,124	1,081	1,182	1,218	1,222	1,309
Malaysia	653	722	910	990	1,117	1,164
India	752	795	851	925	964	1,089
Korea	598	669	719	816	851	983
Spain	514	588	634	725	822	954
Australia	759	797	841	888	917	931
World Total	85,196	88,275	89,499	92,653	95,960	99,665

2004년 전 세계 천연가스 소비현황을 살펴보면 총 20억 9천만 톤(99,665Bcf)의 천연가스를 소비하였으며, 대량 소비국가들을 살펴보면 미국 22,430Bcf(약 4억 7천만 톤, 22.5%), 러시아 16,022Bcf(약 3억 3천만 톤, 16.1%), 독일 3,576Bcf(약 7천 5백만 톤, 3.6%), 캐나다 3,385Bcf(약 7천백만 톤, 3.4%), 우크라이나 3,051Bcf(약 6천 4백만 톤, 3.1%), 이란 3,021Bcf(약 6천 3백만 톤, 3.0%), 일본 2,950Bcf(약 6천 2백만 톤, 3.0%), 이탈리아 2,847Bcf(약 6천만 톤, 2.9%), 한국 983Bcf(약 2천만 톤, 1.0%)의 천연가스를 소비했다.

대규모 천연가스 소비국 중 일본과 한국만이 전량을 액화천연가스 형태로 도입하였고 나머지 국가들은 거의 대부분 파이프 라인을 이용하여 소비하였음을 다음의 세계 액화천연가스 교역현황 자료를 통해 확인할 수 있다. 천연가스 소비와 관련하여 중국 및 인도에 관심을 가질 필요가 있다. 중국과 인도는 급속한 산업화 및 경제발전으로 인하여 현재 대규모의 에너지 소비국으로 변모하고 있는 중이며, 이에 따라서 수년 내에 천연가스의 대량소비 및 수입국이 될 것으로 분석되고 있는 LNG 주요 소비국으로서 가장 주목받고 있는 나라들이다. 〈표 1-8〉은 대륙별 소비량을 나타낸 것이다.

3. 전 세계 천연가스 수출 · 수입 동향

2004년 한 해 동안 약 6억 톤의 천연가스가 육상 · 해상을 통해 거래되었으며, 최대 수출국가는 매장량 세계 1위인 러시아로 1억 6천만 톤(7,656Bcf, 26.8%)을 수출하였으며, 캐나다, 노르웨이, 알제리가 뒤를 잇고 있다. 앞에서도 설명하였지만 러시아의 주도로 천연가스도 수출국공급 카르텔을 형성하여 이익을 극대화하려는 움직임을 보이고 있어 100% 천연가스 수입국인 우리나라도 이 문제에 대한 심도 있는 검토가 필요하다고 하겠다. 한편, 수입국을 살펴보면 미국이 약 9천만 톤(4,259Bcf, 14.6%)의 천연가스를 수입하여 최대 수입국이며, 그 뒤를 독일, 일본, 이탈리아 등의 국가들이 상위에 랭크되었다.

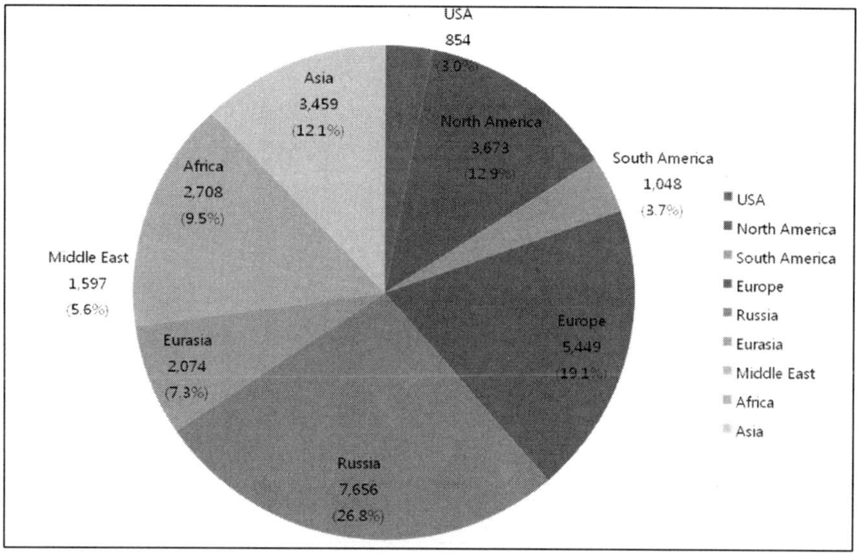

〈그림 1-11〉 World Natural Gas Export(28,519Bcf)

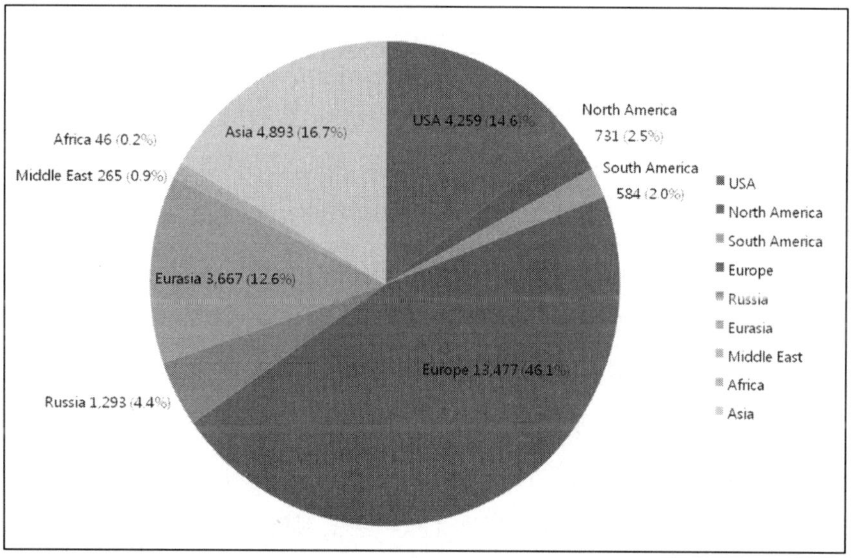

〈그림 1-12〉 World Natural Gas Import(29,215Bcf)

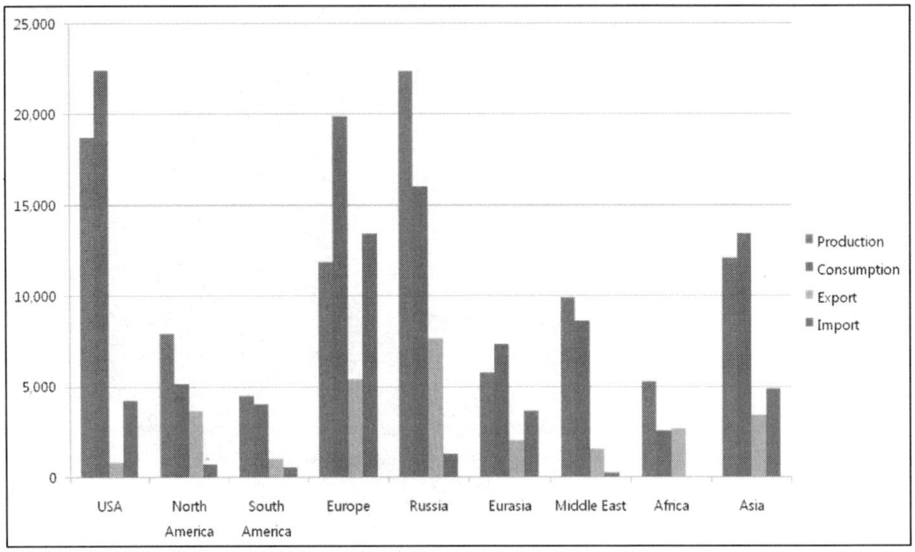

〈그림 1-13〉 Production/Consumption/Export/Import

4. 전 세계 액화천연가스 교역현황

액화천연가스(LNG)에 의한 국가 간 거래는 파이프 라인을 통한 수출입에 비하여 대규모의 자본과 설비 및 수많은 관련자의 일사불란한 협력과 적극적 참여를 필요로 한다. 또한 그리하여 LNG 프로젝트는 개발초기부터 Oil Major (석유와 마찬가지로 대부분의 Up-stream은 미국이 주도)가 주도해오고 있는 중이며 앞으로의 개발계획도 이들이 주가 될 것임은 명백하다 할 것이다.

LNG 주요 수출국은 대부분 경제개발이 안된 후진국(미국 제외)이고 수입국은 일본을 비롯한 선진국 혹은 한국과 같은 경제개발이 활발한 개발도상국이라는 사실이다. 이는 석유의 경우와 무관치 않다. 이러한 원인으로 대규모의 인력과 장비가 소요되는 LNG 프로젝트에 선진국의 대형 개발회사나 자본회사들의 진출이 필수불가결의 조건이 되고 있다.

2005년 전 세계 LNG 교역량은 약 1억 8천만 톤 가량으로 전체 천연가스 거래량의 10%를 차지하였다. 최대 수출국은 대규모 수요국을 주변에 둔 인도네시아로 3천백만 톤의 LNG를 수출 전체의 17%를 점하고 있으며, 말레이시아(2천 8백만 톤, 15.8%), 카타르(2천 7백만 톤, 15.0%), 알제리(2천 5백만 톤,

14.2%) 등의 국가들이 뒤를 잇고 있다. 수출국 가운데 카타르를 주목할 필요가 있는데 이 국가는 'North Gas Field'라는 세계 최대의 가스전을 보유하고 외국 자본을 적극적으로 유치하여 최근 대형 LNG Project를 계속 성사시켜 2006년 비공식 통계에 의하면 세계 제1위의 LNG 수출국의 반열에 올랐다는 보도가 있으며, 미국의 적극적인 LNG 수요에 따라 당분간 수출국은 카타르, 수입국은 미국이 주도해 나갈 것으로 사료된다 하겠다.

〈표 1-9〉, 〈표 1-10〉 및 〈그림 1-14〉, 〈그림 1-15〉는 각각 2005년 LNG 수출·수입 관련 자료로 각국의 수출량 및 점유율을 알 수 있다.

〈표 1-9〉 Worldwide LNG Trade by Country 1(2005)

Source : Cedigaz

To	Indonesia	Malaysia	Qatar	Algeria	Australia	Trinidad	Nigeria	Oman	Brunei	UAE	USA	Imports
Japan	19.00	17.65	8.35	0.08	13.05	–	–	1.25	8.35	6.75	1.84	76.32
Korea	7.51	6.36	8.31	–	1.16	–	–	5.93	0.80	0.08	–	30.15
Spain	–	0.16	4.56	5.19	0.08	0.50	5.00	1.65	–	0.31	–	17.45
USA	–	0.25	0.08	2.75	–	12.44	0.23	0.07	–	–	–	15.82
France	–	–	–	7.50	–	–	4.20	0.08	–	–	–	11.78
Taiwan	4.95	4.10	–	–	0.40	–	–	0.16	–	–	–	9.61
India	–	–	5.80	–	0.16	–	–	0.08	–	–	–	6.04
Turkey	–	–	–	3.85	–	–	1.03	–	–	–	–	4.88
Belgium	–	–	–	2.90	–	0.08	–	–	–	–	–	2.98
Italy	–	–	–	2.50	–	–	–	–	–	–	–	2.50
Portugal	–	–	–	–	–	–	1.58	–	–	–	–	1.58
Puerto	–	–	–	–	–	0.67	–	–	–	–	–	0.67
UK	–	–	–	0.45	–	0.07	–	–	–	–	–	0.52
Greece	–	–	–	0.46	–	–	–	–	–	–	–	0.46
Dominica	–	–	–	–	–	0.25	–	–	–	–	–	0.25
export	31.46	28.52	27.1	25.68	14.85	14.01	12.04	9.22	9.15	7.14	1.84	181.01

〈표 1-10〉 Worldwide LNG Trade by Country 2(2005)

Country	Export volume		Country	Import volume	
	M.T	%		M.T	%
Indonesia	31.46	17.4	Japan	76.32	42.2
Malaysia	28.52	15.8	Korea	30.15	16.7
Qatar	27.10	15.0	Spain	17.45	9.6
Algeria	25.68	14.2	USA	15.82	8.7
Australia	14.85	8.2	France	11.78	6.5
TrinidadandTobago	14.01	7.7	Taiwan	9.61	5.3
Nigeria	12.04	6.7	India	6.04	3.3
Oman	9.22	5.1	Turkey	4.88	2.7
Brunei	9.15	5.0	Belgium	2.98	1.6
UnitedArabEmirates	7.14	3.9	Italy	2.50	1.4
UnitedStates	1.84	1.0	Portugal	1.58	0.9
Total	181.01	100.0	Others	1.90	1.1

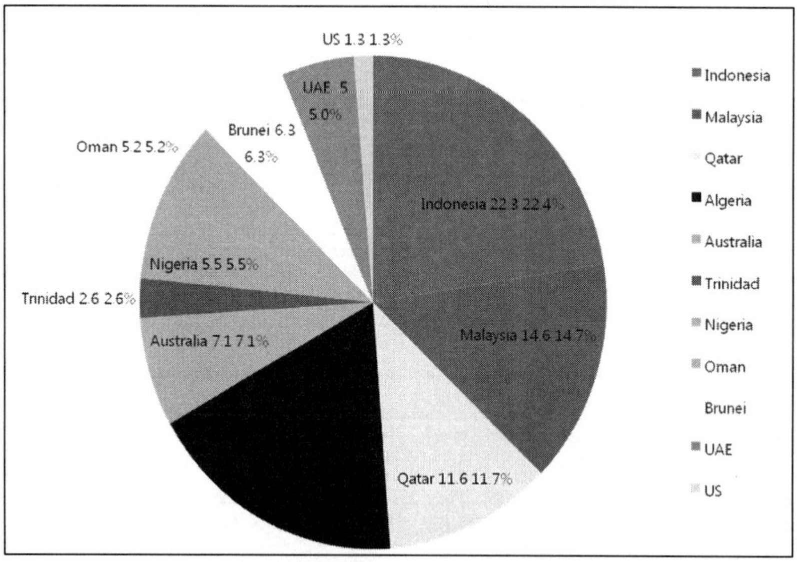

〈그림 1-14〉 Worldwide LNG Export by Country 1(181.01MT, 2005)

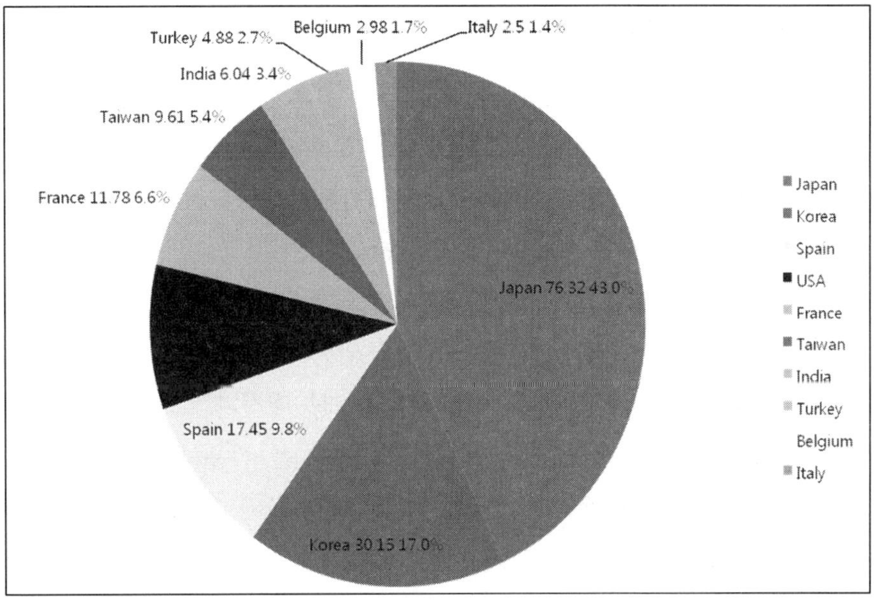

〈그림 1-15〉 Worldwide LNG Import by Country 2(181.01MT, 2005)

수입국의 현황을 살펴보면 아직도 일본(7천 6백만 톤, 42.2%)이 세계 LNG 시장의 최대고객으로 위상을 점령하고 있으며, 그 뒤를 이어 한국(3천만 톤, 16.7%)이 주요한 수입국이며, 스페인(1천 7백만 톤, 9.6%), 미국(1천 6백만 톤, 8.7%) 등의 국가가 뒤를 따르고 있다.

특히 한국의 경우 단일 LNG 수입회사 가운데 세계 최대인 '한국가스공사(KOGAS)'가 한국의 유일한 독점 도매사업자로써 역할에 힘입어 세계 LNG 시장에서의 지위를 인정받아 LNG 도입계약 및 LNG 프로젝트 사업에 적극 진출하여 시장에서의 역할을 증대하고 있다.

향후 세계 LNG 수요량 예측에 따르면 급격히 증가할 것으로 보이며 특히 유럽(미국포함)지역의 수요[3]는 3배 이상 폭발적으로 증가할 것으로 추측하고 있다.

3) 특히 프랑스, 이탈리아, 스페인 등의 국가들이 액화천연가스에 관심을 가지고 LNG 프로젝트 개발에 적극적으로 참여하고 있으며 수입량 증대를 고려하고 있다.

5. LNG 프로젝트의 특성

가스전에서 채굴된 천연가스를 상(狀)변화 없이 기체상태로 다른 지역으로 수송하기 위해서는 파이프 라인(Pipe Line)을 통하여 운송하는 방법이 유일하다. 천연가스의 개발 초기단계에서는 채굴된 천연가스가 가스전이 소재한 지역에서만 이용된 이유가 여기에 있다.

상온상태에 존재하는 천연가스를 액화(−161.5℃)시키면 부피가 기체상태의 600분의 1로 감소하여 LNGC에 의한 대량수송이 가능하고 액화시킨 LNG는 대량으로 육상탱크에 의해 저장이 가능해진다. 그리하여 천연가스를 액화시키고 이것을 저장탱크에 저장하고, LNGC를 이용하여 소비국으로 수송하는 일련의 과정은 매우 복잡하고 대규모의 자금이 필요하게 되는 것이다.

이와 같이 천연가스를 개발/사용하기 위해서는 대규모의 자금이 소요되는 프로젝트 형태로서만 가능하다. 여기서 LNG 프로젝트란 가스를 탐사, 생산, 액화, 저장, 운송, 기화, 공급하는 일련의 Chain화된 대규모 장치산업을 의미하며, 이런 프로젝트는 여타 에너지 개발사업과 구별되는 다음과 같은 특징을 가진다.

1) 공급국에 상당한 규모의 가스전이 존재해야 한다

액화천연가스 도입계약은 보통 15년에서 최장 25년 간의 장기간의 계약으로 이 기간 동안 지속적으로 천연가스를 생산할 수 있을 만큼의 매장량이 확인되어야 프로젝트가 성립된다. 통상적으로 2,000만 톤 이상의 천연가스가 매장된 가스전부터 경제성이 있다고 한다.

1998년 우리나라도 동해에서 소규모의 천연가스전(동해-1 가스전)을 발견하였으나 매장량이 적어 울산 · 경남 지역에 15년 정도밖에 공급할 수 없다고 한다. 그러나 가스전이 존재하는 지점이 육지에서 멀지 않고 지질학상으로 안정한 구조에 위치하여 가스전의 천연가스를 사용한 후 이를 저장 탱크의 개념으로 생각하고 개발한다는 계획이 있다고 한다. 이에 상응하는 크기의 저장 탱크를 육상에 건설하려면 어마어마한 비용과 환경단체들의 반대를 감수해야 하는 어려운 일로 그 가치는 굉장하다고 말할 수 있을 것이다. 이런 예는 미국에서 찾아 볼 수 있는데 미국의 서부텍사스 걸프(Gulf)만에는 석유와 함께 많은 수의 천연가스전이 존재하는데 이 가스전들은 그전에 이미 채굴이 완료되었고 지금은 저장 탱크(고압의 가스 상태로 가스전에 주입한다)로 사용하고 있다.

2) 일정 규모의 안정적인 수요가 있어야 한다

도입국의 입장에서는 매년 정해진 물량(계약물량)을 운송 소비해야 하기 때문에 장기간의 고정적인 수요가 필요하다. 이런 이유로 초기의 LNG 프로젝트는 고정적인 수요가 있는 발전소용이 주(主)가 되고 난방용, 산업용은 이를 보안하는 개념으로 간주되었다. 우리나라의 LNG 사업도 초기에는 한국전력의 자회사로서 석유를 보완하는 개념으로 출발하였다는 말을 앞에서 서술하였다.

3) 공급국과 수입국에 대규모의 자금조달능력이 있어야 한다

연간 300만 톤 규모의 LNG 프로젝트를 개발하기 위해서는 액화플랜트 건설, LNGC 건조, 도입국의 도입설비(저장탱크, 선박부두, 기화설비, 송출설비) 건설과 운전 등에 보통 30억불 이상의 대규모 자금이 필요한데 이를 보통 Project Financing[4]이라 한다. 프로젝트에 소요되는 대규모 자금은 한 회사가 투자하지 않고 여러 금융회사가 신디케이트(Syndicate, 은행투자연합)를 조직하여 자금을 투자하고 있다.

4) 개발기간이 장기간이다

가스전 발견 → 경제성 확인 → 장기 매매계약 성립 → 생산설비 건설, 운송선박 건조, 도입설비 건설 → 수송시작에는 짧게는 7년 길게는 10여년이 소요되는 장기개발 프로젝트로 개발에서 설비가동까지 장기간의 리딩타임(Leading Time)이 요구된다.

---

4) LNG 프로젝트에는 대규모의 자금이 필요한데 가스전의 탐사, 평가, 해상 가스전의 경우 가스전에서 육상 Plant까지 파이프 라인 시공 등, 초기 투자비용과 육상의 액화설비공장, 천연가스 운반선이 접안하기 위한 하역 및 접안부두의 건설비용, LNGC의 건조비용 등의 전체 투자자금을 통상적으로 은행단의 대규모 신디케이트로 조달하게 된다. 한편 LNG 프로젝트의 투자 신디케이트에 참여한 금융기관들의 입장에서는 대규모로 투자한 자금을 조기에 안정적인 회수를 목적으로 LNG 수입국 정부에 대해 투자자금의 대신변재를 포함한 정부의 보증 등을 요구하기도 하며, 프로젝트 가동 후 지속적으로 자금회수 가능여부를 모니터하며 때로는 투자자금의 조기회수를 위해 터미널 측에 생산량의 증산 등을 요구하기도 한다.

5) 장기간의 계약에 따르는 여러 가지 리스크가 수반된다

장기계약에 따른 안정적 수입과 물량확보 측면에서는 장점을 갖고 있으나 한편으로는 공급국가의 정치적인 변동(수출국 대부분은 저개발 국가이다)에 의해 계약자체가 위협을 받을 소지가 있다. 2003년 발생한 미국과 이라크 전쟁에서 미국 측에 의해 붕괴된 후세인 정권하에서 체결된 각종 석유 및 가스 프로젝트의 무효화 요구 등이 좋은 예라고 하겠다. 또 다른 예는 이란을 들 수 있는데 이란은 2001년 천연가스 매장량 기준 세계 2위 국가이면서도(전 세계 매장량의 14.8%인 812억 톤) 자국 내 정치적인 불안, 테러와의 관련설 및 미국의 견제 등으로 천연가스 생산량은 4,400여 만 톤(전 세계 생산량의 2.5%)에 불과하다.

6) 프로젝트의 체인화

LNG 프로젝트는 사업 자체가 가스전, 파이프 라인, 액화공장, 해상수송, 도입가스 설비, 발전소 가동, 도시가스 배관망 등 여러 기능이 마치 체인처럼 연결되어 있어 어느 하나의 기능이라도 문제가 발생하면 프로젝트 전체에 영향을 미치는 체인처럼 상호 연결된 것이 특징이다.

이상과 같이 LNG 프로젝트는 해상수송부문도 프로젝트 체인의 일부분을 이루고 있어 LNGC의 건조계획 및 안전한 운송을 확보하는 문제가 다른 해상운송부문과 비교할 수 없을 만큼 중요한 위치를 점하고 있는 바 특히 선박의 불가동(不可動), 운항중(運航中) 발생하는 여러 가지 문제들이 전체 프로젝트에 치명적인 결과를 야기한다는 점에 유의해야 할 것이다.

6. 천연가스 산업의 변화

최근의 천연가스 프로젝트의 두드러진 변화를 살펴보면 다음과 같다.

(1) Sellers' Market ⇒ Buyers' Market

LNG 프로젝트 초기에는 가스전의 탐사에서부터 수입국으로의 해상수송을 위한 LNG 운반선 건조 등 프로젝트의 모든 과정이 Exxon-Mobil, BP, Shell 등

소수의 Oil Major에 의해 독점적으로 수행되어 연간 수입량, 가격결정, 금융조건, 해상수송권 등이 공급자(Seller 혹은 산유국)가 결정하여 왔으나, 최근의 프로젝트의 개발현황을 살펴보면 많은 수의 천연가스전의 발견으로 수입국가스회사가 주도권을 가지고 LNG 프로젝트 초기시점에서부터 수입국가가 해당 프로젝트에 자본을 투자하고 개발이익을 공유하거나 LNGC 건조 등을 포함한 포괄적 액화천연가스 해상수송권을 가지는 FOB(Free On Board, 본선인도가격) 계약조건으로 프로젝트를 성사시키고 있는 수요자중심 시장으로 변모하고 있다.

그러나 최근 한국가스공사 관계자의 말을 빌리자면 러시아의 LNG 사업진출로 시장환경이 다시 수요자 시장에서 공급자 시장으로 급격하게 변하고 있다고 한다. 어마어마한 천연가스 매장량을 앞세운 러시아의 등장으로 기존의 시장질서를 뒤흔들어 놓음으로써 LNG 개발 프로젝트에서의 주도권을 확보하려 하고 있다고 한다. 최근에 추진하고 있는 사할린 프로젝트에서의 러시아 행동에는 이러한 의도가 있는 것으로 분석하는 전문가가 적지 않다.

(2) Take-or-Pay Contracts[5] ⇒ Portfolio LNG Supply Mixed Long-term, Short-term, Spot

LNG 프로젝트는 전술한 바와 같이 생산, 액화, 수송, 기화 등의 일련의 과정들이 톱니바퀴처럼 돌아가는 과정으로 도입계약이 체결되면 생산자는 수요자의 수요에 관계없이 지속적으로 생산을 하며, 수요자는 채굴, 생산된 LNG를 도입해야 되는 계약으로써 수출국의 의사가 반영된 계약인데 최근의 경향을 보면 계약기간이 짧아지고, 또한 계약상 수요국의 사정을 많이 반영하는 방향으로 진행되고 있다. 특히 우리나라와 같이 계절적으로 수요변동성이 매우 큰 국가의 경우 Spot 시장의 활성화가 매우 큰 이점이 있다고 말할 수 있다.

---

5) 이 계약은 천연가스 수출입 대금결제방식의 일종으로 도입 측 사정으로 (도입국의 사정, 이를테면 이상기온상승 등으로 겨울철 날씨가 따뜻하여 천연가스 수요가 감소하거나 혹은 경제불황으로 LNG 수요가 줄어들어 계약된 연간계약 도입물량을 들여오지 못해도 도입계약한 대금을 지불해야 하는 계약으로 공급자 측면에서는 수요자가 이미 생산한 천연가스를 가져갈 수 없는 사정이라도 공급자가 다른 대체 수요자를 구할 수 없어 천연가스 생산공정 전체를 중단해야 하는데 이는 공급자로써는 대단히 중대한 위험요소가 된다. 즉 “Take-or Pay”는 이를 피하기 위한 계약이라고 보면 된다.

(3) Limited Volume Flexibility ⇒ Offers Maximum

전통적인 도입계약에 의하면 수요국의 사정에 의한 수요량 증대요구에 대하여 수출국의 생산량 증대는 기대할 수 없었으나, 최근 성립된 프로젝트를 살펴보면 수요국의 요구사항이 많이 반영되고 있는 추세이다. 우리나라 천연가스산업의 특징은 계절적인 수요변동성(여름에는 수요가 적고 겨울에는 많은)이 매우 크고 발전용보다는 가정용 수요가 많은 것인데 이러한 특성으로 인해 동계에는 가능한 많은 천연가스가 필요하여 이러한 시장의 변화는 우리에게는 좋은 기회를 제공한다.

(4) Priced to Alternative Fuels ⇒ Pricing may be linked to more than one market

천연가스의 도입가격 결정방식을 살펴보면 유럽 및 아시아의 경우 도입시점에서 세계 석유가격과 연동하여 결정되며, 미국의 경우에는 자국에서 거래되는 천연가스의 가격으로 결정한다. 이렇듯 도입가격이 원유 혹은 가스 중 하나의 메커니즘으로 결정됨으로써 천연가스의 가격이 왜곡될 소지가 있어 이를 방지하기 위하여 한 가지 이상의 변수를 참고하여 가격을 결정하는 방식으로 서서히 바뀌고 있다. 현재 우리나라가 도입하는 천연가스의 가격결정방식은 대부분 전통방식인 원유연동방식을 채택하고 있다.

(5) Tied to new Capacity(Single supply source) ⇒ Multiple Supplier Potential

대부분 천연가스의 수요자는 이를 연료로 하여 발전, 전력을 생산/판매하는 전력회사들이며 처음에는 한 개의 프로젝트를 통해 천연가스를 도입했으나, 도입규모의 확대 등으로 추가수요가 발생하면 기존의 프로젝트를 증산하거나 혹은 새로운 프로젝트를 개발함으로써 결국은 다수의 천연가스 프로젝트에 참여하게 되고 그에 따라서 다수의 천연가스를 공급자와 거래를 하게 되는 것이다. 이러한 도입형태는 수요자 측면에서 보면 공급자가 다수여서 수요의 탄력성을 가지게 되었고, 공급자 측면에는 하나의 수요자와 거래하는 것보다는 다수의 수요자와 거래하는 편이 위험을 헤지(Hedge)하는데 합리적인 방법으로 인식되어 이제는 다수의 공급자와 다수의 수요자가 시장에 존재하는 “다극화 시장”이 형성되었다.

(6) Security for Upstream financing ⇒ Off-take Guarantees less Critical

LNG 프로젝트 시행의 전제조건으로 생산국의 정치적 안정 여부가 사업시행에 가장 중요한 요인이었으나 이러한 위험을 경고하고, 감시하는 시스템의 개발과 잠재적인 위험을 다양한 방법으로 헤지(Hedge)할 수 있는 방법의 개발 등으로 현재는 안정성 문제가 절대적인 프로젝트 수행인자는 아니라는 추세다.

즉, 최근의 천연가스 시장의 변화를 한마디로 정의하면 “불특정 다수의 수요자와 공급자 사이의 시장이 형성되어 가고 있는 과정”이라고 말할 수 있다[6].

7. Worldwide Major LNG Trade Route

〈그림 1-16〉에서처럼 세계 LNG Trade Route는 단연 세계 최대의 액화천연가스 수출국인 Indonesia와 최대의 액화천연가스 수입국인 동아시아가 주요 항로임을 알 수 있다. 그러나 최근의 변화를 살펴보면, 수출국으로서 Qatar를 필두로 하는 중동과 수입국으로 상황이 변화된 미국을 주목해야 할 것이다. 세계 최대의 천연가스전을 보유하고 있는 카타르는 1996년 하반기부터 생산을 시작한 이래 폭발적인 생산량 증대를 꾀함으로써 앞으로 세계 LNG 시장에서 중심적인 위치로 부상할 것으로 전문가들은 추정하고 있다. 또한 이 나라는 현재 세계 LNG-Spot Market에서[7] 주요 공급국이다.

---

6) 資料, Poten & partners, March 18, 2002

7) 한국, 대만, 미국 등이 주요 고객이며 이들 국가들은 천연가스를 난방용으로 사용한다는 공통점이 있다. 카타르 천연가스 프로젝트를 살펴보면 장기계약은 일본(QatarGas)과 600만 톤/년, 한국(RasGas)과 480만 톤/년에 불과하나, 매년 상기 국가들에게 상당한 물량의 Spot Cargo를 판매하고 있으며, 최근 카타르→인도 간 프로젝트가 성사되어 현재 한국의 대우조선소(DSME)에서 2척의 LNGC를 건조하고 있다. 이밖에 대만과 중국과도 도입협상을 벌이고 있는 것으로 보도가 되었다. 한편 카타르 북동쪽에 위치한 세계 최대의 가스전인 North Oil-Gas Field에는 현재 생산량으로 환산하면 약 200년 동안 생산이 가능한 양의 천연가스가 매장된 것이 확인되었다고 알려져 있다.

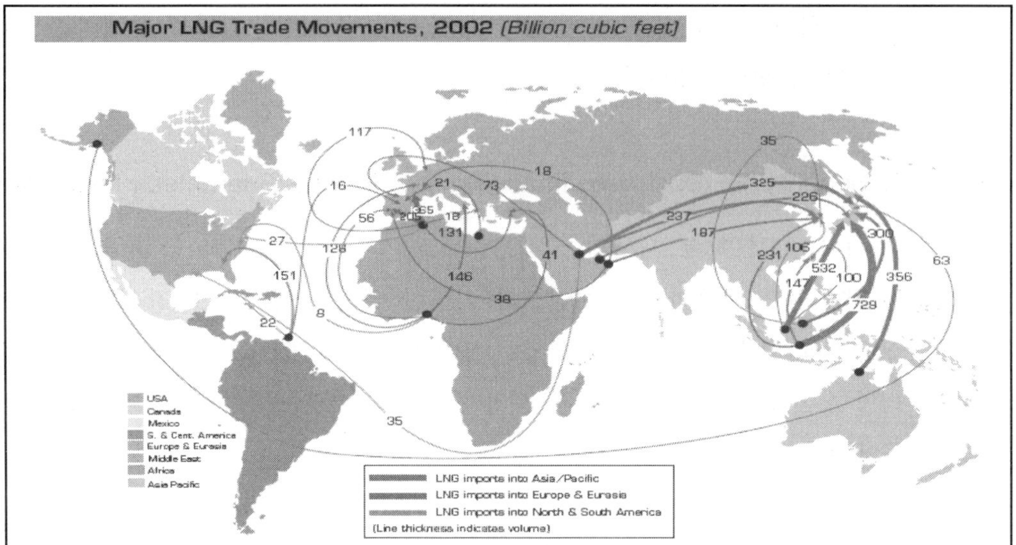

Note: The map includes flows greater than 5 Bcf for imports into the United States, and flows greater than 15 Bcf for imports into all other Countries.
Source: **Imports to the United States and Imports to Japan and Mexico from the United States:** Energy Information Administration, *Natural Gas Monthly* (May 2003). **All Other Countries:** Organization for Economic Cooperation and Development, International Energy Agency, Natural Gas Information 2003 (with 2002 data).

Source : EIA, LNG in Regional Energy Markets : "Prospects for New England" by Susan Tierney, Jan. 2006

〈그림 1-16〉 Major LNG Trade Route(Billion cubic feet, 2002)

(1) 한국의 액화천연가스 산업현황

한국의 천연가스 사업은 1986년 인도네시아 수마트라섬 북단에 위치한 Blang Lancang의 ARUN III[8] Project에서 최초로 액화천연가스를 도입한 이래 2001년 연간 1600여만 톤의 천연가스를 인도네시아, 말레이시아, 브루나이, 카타르, 오만, 아부다비, 호주 등으로부터 도입함으로써 세계 2위의 액화천연가스 수입국으로 급성장하였다.

우리나라 액화천연가스 사업의 시작은 정부의 에너지 다원화 정책에 의해 발전용[9]으로 시작하였으나, 수도권에 도시가스 난방용으로 공급을 시작하면

8) 인도네시아 수마트라섬 북단에 위치한 ARUN B광구는 인도네시아에 발견된 최초의 천연가스전으로 1971년 미국의 모빌(Mobil)사에 의해 대규모의 구조성 가스전을 발견하였고, 1978년 최초로 일본으로 연간 450만 톤의 액화천연가스를 일본으로 공급한 이래 증산을 거듭하여 왔으며, ARUN III 증산 Project를 개발하여 1986년 한국가스공사 (KOGAS)와 연간 230만 톤의 천연가스 도입계약(CIF)을 체결함으로써 우리나라가 처음으로 액화천연가스 수입국이 된 역사적인 프로젝트이다.

9) 1988년 총 도입량 209만 톤 가운데 발전용으로 191만 톤, 도시가스 난방용으로 18만 톤을 공급하였으나, 1995년 총 수입량 700만 톤 가운데 발전용 360만 톤, 난방용 340만 톤으로 균형을 이루었고, 2000년

서 그 공급량을 꾸준히 늘려와 1996년에는 도시가스 난방용 공급량이 발전용을 초과하였고 2002년 총 수요량 가운데 도시가스용이 약 70% 가량을 차지하고 있으며 격차가 더욱더 확대될 것으로 보인다.

최근 통계자료에 의하면 한국의 천연가스 소비량은 2003년에 1900만 톤, 2004년 2180만 톤, 2005년 2200만 톤, 2006년 2500만 톤으로 증가되어 왔으며 2015년에는 약 5300만 톤으로 증가할 것으로 분석하고 있는데 이 예측이 맞는다면 장기수요에 대응한 다양하고 신축적인 천연가스 수급계획을 수립해야 할 것으로 생각된다. 왜나하면 천연가스 도입계획은 원유나 석탄 등 단순히 다수의 공급자에 의해 필요한 양을 즉시 수입할 수 있는 것이 아니고 장기개발 프로젝트에 의해 생산설비, 접안설비, LNGC 확보 등 여러 가지 요소가 Chain처럼 엮여 있음을 인식하여야 할 것이다.

〈표 1-11〉은 우리나라의 연도별 액화천연가스 수입량을, 〈그림 1-17〉은 우리나라가 도입중인 국가를 나타낸 것이다.

〈표 1-11〉 우리나라의 연도별 LNG 도입량

연 도	도입량(Ton)	연 도	도입량(Ton)
1986	117,999	1997	11,617,654
1987	1,682,370	1998	10,544,490
1988	2,063,269	1999	12,943,743
1989	2,014,299	2000	14,656,825
1990	2,291,074	2001	16,137,134
1991	2,758,196	2002	17,704,597
1992	3,482,896	2003	19,241,220
1993	4,396,199	2004	21,832,609
1994	5,928,200	2005	22,100,757
1995	7,021,290	2006	25,767,686
1996	9,608,633		

총 도입량 1500만 톤 가운데 도시가스용으로 약 1000만 톤을 공급하여 완전하게 역전된 모습을 보이고 있는데 이들 간의 격차는 점점 더 확대될 것으로 예측하고 있다. 이는 뒤에 설명하겠지만 우리나라의 천연가스 산업의 특이한 계절별 수요변동성을 낳아 천연가스 수급정책수립에 많은 어려움을 야기시키며 일본에 비해 우리나라가 세계 천연가스 스팟시장에서 주요 고객이 되고 있는 이유이다(자료 : 한국가스공사).

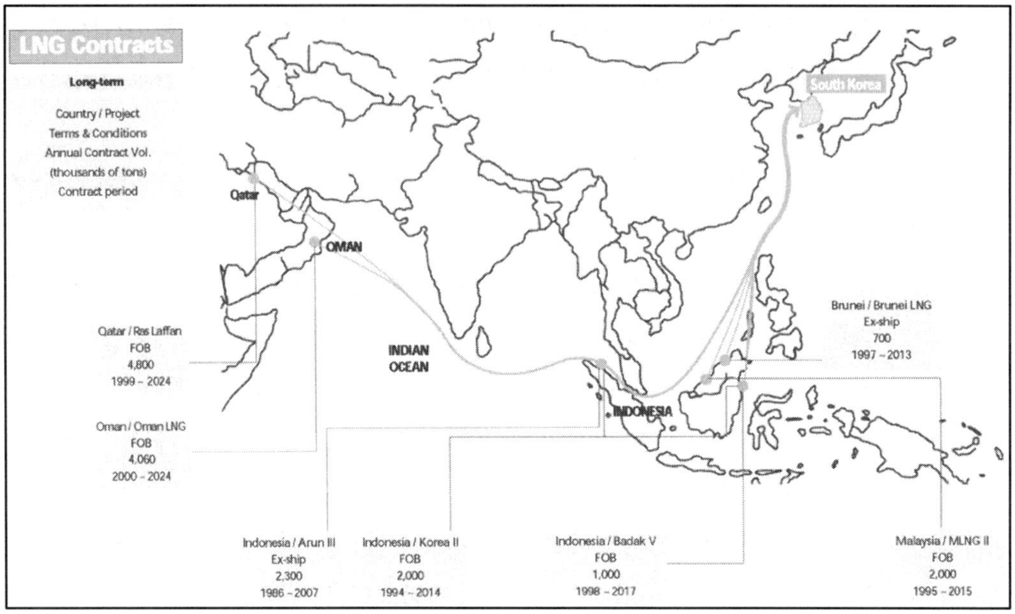

〈그림 1-17〉 LNG Contracts in KOREA by KOGAS

(2) 우리나라가 도입중인 LNG 프로젝트의 개요

한국은 다음과 같은 LNG 프로젝트로부터 천연가스를 도입하고 있는데 간단히 살펴본다.

1) Indonesia/ARUN Ⅲ Project

이 프로젝트는 우리나라가 최초로 천연가스 소비국으로 만들어준 프로젝트로써 이 개발계획은 화물운송권이 Seller, 즉 공급국가에게 있는 CIF(Cost Insurance and Freight) 계약으로 체결된 관계로 우리나라 국적선박이 아닌 외국적 LNGC에 의해 액화천연가스가 운송되었었다. 이 프로젝트는 우리나라가 참여한 최초의 LNG 프로젝트로써 의의가 있다.

① 도입량/연 : 230만 톤

② 계약형태 : CIF

③ 계약기간 : 1986~2007년

④ 취항선박 : 외국적선

2) Indonesia/Korea Ⅱ(Badak) Project[10)]

액화천연가스 수송에 관련한 모든 권리를 수입국정부 혹은 수입주체가 가지는 본선인도계약(FOB : Free On Board)조건으로 개발된 프로젝트로 비로소 우리나라 국적선박에 의해 LNG가 수입되게 된 프로젝트다.

① 도입량/연 : 200만 톤

② 계약형태 : FOB

③ 계약기간 : 1994~2014년

④ 취항선박 : Hyundai Utopia, Hanjin Pyeongtaek

3) Malaysia/MLNG Ⅱ(Bintulu) Project

① 도입량/연 : 200만 톤

② 계약형태 : FOB

③ 계약기간 : 1995~2015년

④ 취항선박 : YK Sovereign, Hyundai Greenpia

4) Brunei/ Brunei LNG Project

① 도입량/연 : 70만 톤

② 계약형태 : CIF

③ 계약기간 : 1997~2013년

---

10) KOREA Ⅱ와 MLNG Ⅱ Project는 우리나라 국적 LNG 선박이 처음으로 투입된 계획으로서, 그 당시 LNGC의 선가(船價)가 건조부대비용을 포함하여 약 2억 4천만 달러에 달하는 막대한 비용인 점을 감안하여 이미 지정된 운영선사(현대상선, 유공해운, 한진해운) 및 참여선사(대한해운, 한국특수선, 두양상선)가 컨소시엄(Consortium)을 구성하여 자본을 공동으로 참여하기로 결정하였고, 그 중 최대자본 참여회사가 그 선박의 대표운영선사가 되며 이윤과 위험은 참여비율에 따라 부담하는 방식을 취하였다. 그 결과 국적 LNG 운반선 제1호선인 "현대유토피아(Hyundai Utopia)"호는 현대상선이(지분율 ; 현대상선 89%, 유공해운 2.44%, 한진해운 2.44%, 대한해운 2.44%, 한국특수선 3.68%), 제2호선인 "YK Sovereign"호는 유공해운이(지분율 : 현대상선 14.18%, 유공해운 51.0%, 한진해운 14.18%, 대한해운 14.18%, 한국특수선 6.46%), 제3호선인 "한진평택(Hanjin Pyeongtaek)"호는 한진해운이(지분율 ; 현대상선 9.80%, 유공해운 9.80%, 한진해운 51.0%, 대한해운 9.80%, 한국특수선 9.80%, 두양상선 9.80%), 국적 LNG 운반선 제4호선인 "현대그린피아(Hyundai Greenpia)"호는 현대상선이(지분율 : 현대상선 70.20%, 유공해운 5.96%, 한진해운 5.96% 대한해운 5.96%, 한국특수선 5.96%, 두양상선 5.96%) 대표선사가 되어 운영하는 방식을 취했으며, 제5호선 이후부터는 운영선사가 100% 자본참여하는 방식으로 바뀌었고 대한해운도 운영선사로 참여하게 됨으로써 2006년에는 현대상선(6척), SK Shipping(5척), 한진해운(5척) 및 대한해운(2척)으로 구성되었다.

④ 취항선박 : 외국적선

5) Indonesia/Badak Ⅴ Project

① 도입량/연 : 100만 톤

② 계약형태 : FOB

③ 계약기간 : 1998~2017년

④ 취항선박 : 외국적선

6) Qatar/ Ras laffan(RasGas) LNG Project

이 프로젝트는 우리나라가 LNG 도입을 중독지역으로 다변화한 프로젝트로써 단일 프로젝트로는 최대인 연간 480만 톤의 액화천연가스를 도입하는 계약으로 계약물량 이외에도 겨울철 성수기에는 상당량의 Spot Cargo를 이곳에서 도입하고 있으며 계약조건도 기존의 동남아시아 제(諸) 국가의 조건에 비해 상당히 유리한 조건으로 계약했다고 전해진다.[11)]

① 도입량/연 : 480만 톤

② 계약형태 : FOB

③ 계약기간 : 1999~2024년

④ 취항선박 : Hanjin Raslaffan, K. Freesia, SK Summit, SK Stellar Hyundai Technopia, Hyundai Cosmopia, SK Supreme

---

11) 한국가스공사(KOGAS)는 Buyer(KOGAS)와 Seller(RasGas) 간에 체결한 액화천연가스 도입계약내용에 대해서는 운송선사에게는 비밀로 하고 있는데, 운항선사가 그 계약내용을 정확히 알지 못하여 결과적으로 약간의 곤란한 경우도 종종 발생하고 있는 실정이다. 예를 들면 Loading 항차 중 발생하는 BOG(Boil-off Gas)에 대하여 어느 부문까지는 보상을 받기로 계약이 되어 있었으나 선사에게 알리지 않아 나중에 선사에서 어려움을 (일부 항차에 보상범위 이상의 BOR이 발생한 항차에 대하여 증빙서류를 만드는 등)겪는 경우가 발생하고 있다.

주; 최근까지 우리나라는 주로 동남아시아(인도네시아, 말레이시아, 브루나이) 국가에서 액화천연가스를 주로 수입하여 왔으나, 1999년 카타르 프로젝트가 가동되어 처음으로 국적 LNG 운반선(SK Summit로 기억함)으로 중동지역으로부터 액화천연가스를 도입하였으며 그 뒤 2000년 오만으로부터 액화천연가스가 수입되기 시작함으로써 우리나라 LNG 도입비중이 동남아시아를 앞지르기 시작하였다. 동계의 Spot Cargo를 포함하면 거의 70%에 육박하고 있으며 앞으로 이 비율은 더욱 더 증가할 것이다. 즉 가까운 시일 내에 우리나라 천연가스 도입시장의 중심축이 중동지역으로 이동할 것으로 보인다. 추가로 동계 천연가스의 소비량 증가에 대비하여 호주 지역에서의 천연가스 도입계획이나 스왑(Swap)도 고려해야 할 것이다.

7) Oman/Oman LNG Project

① 도입량/연 : 406만 톤

② 계약형태 : FOB

③ 계약기간 : 2000~2024년

④ 취항선박 : K. Acasia, SK Splender, Hanjin Muscat, Hyundai Aquapia, Hyundai Oceanpia, Hanjin Sur

(3) 한국 천연가스 산업의 특징

우리나라의 천연가스 산업의 중요한 특징 가운데 하나는 계절별로 수요량의 편차가 심하다는 점이다. 계절별 수요량을 살펴보면 2001년의 경우, 1월의 월간 소비량은 260만 톤으로 소비량이 가장 적었던 9월의 80만 톤에 비해 3배 이상의 격차를 보여주고 있다. 이러한 계절별/월별 소비량 격차는 우리나라의 천연가스 소비형태가 발전용 위주가 아닌 도시가스 난방용 위주로 구성되었기 때문이다.

우리나라의 천연가스 독점사업자인 "한국가스공사"는 이러한 수요편차를 해결하기 위해 비수기인 하계에는 도입량을 줄일 수 있도록 새로 시작하는 도입 프로젝트에는 계절별로 탄력적인 도입계약을 체결하기 위해 노력하고 있으며

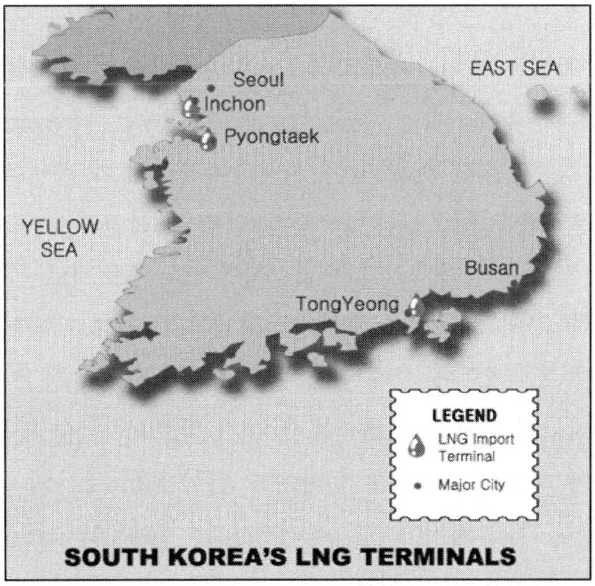

〈그림 1-18〉 한국의 LNG Receiving Terminals

또한 운항중인 LNGC를 비수기에는 용선을 주거나 소비를 못하는 액화천연가스를 스왑(Swap) 형태로 다른 나라와 거래를 하기도 한다. 이러한 우리나라의 천연가스산업의 계절별 수요편차 문제를 해결하기 위해서는 도입기지에 저장탱크의 숫자를 늘리는 방법이 있으나, 이는 탱크 건설비용이 막대하여 단기간에 해결될 수 있는 사항이 아니어서 어려움이 따른다. 〈그림 1-18〉은 한국의 수요/공급을 예측한 것이다.

우리나라의 계절별 소비량을 일본과 비교하여 보면 우리나라의 계절별 편차(동계와 하계)가 일본보다 훨씬 큼을 한눈으로도 알 수 있다. 즉 7월인 비수기와 1월인 성수기의 천연가스 월별 소비량의 격차가 무려 5배 이상 차이가 남는 것을 보여주고 있는데 발전용 천연가스 소비량과 대별된다. 이런 이유로 비수기인 여름철에는 수요가 없어 LNG 운반선이 장기로 대기하는 경우가 발생하고 성수기인 겨울에는 천연가스 수요가 많이 발생하여 하루도 쉬지 않고 운항해야 하는 부담이 발생한다. 특히 수요가 많은 겨울철에 기온이 급강하 하면 천연가스의 수요가 급격히 증가하는 데 공교롭게도 기온이 내려가면 바람이 거칠게 되고 이에 따라서 해상의 날씨도 험악해져 바다는 필경 폭풍주의보가 발령된다. 자연히 선박의 속력은 내려가고 힘들여 항구에 도착하여도 폭풍주의보 발령으로 도입항구(인천, 평택)의 도선이 어려워져 악조건을 무릅쓰고 우리나라 사람들을 위하여 본선, 도선사 및 인수기지 관계자의 헌신적인 노력으로 접안하게 될 때의 뿌듯함도 느낀다. 이래저래 LNG에 종사하는 사람들에게는 겨울은 참으로 힘이 든다. 특히 LNGC 선장 및 승무원에게는 더욱 더 어려움이 있다.

현재 정부가 추진하고 있는 시베리아가스전 개발에 관심이 많다. 풍부한 매장량, 그리고 파이프 라인을 통한 양질의 천연가스 공급조건 등 개발이익이 막대할 것으로 평가되고 있으나, 천연가스 프로젝트 특성인 대규모의 개발자금소요와 정치적 안정성(북한)의 문제들로 인해 개발이 진행되고 못하고 있다. 또한 프로젝트에 관계된 국가가 러시아, 중국, 몽고, 북한, 일본 및 한국을 포함하여 6개 국가의 이해관계가 각기 다르고, 기술 및 자본은 한국과 일본이 조달해야 하는 문제점, 해저 파이프 건설계획, 북한의 정치적 불안정 및 신뢰성부족 등 해결되어야 할 여러 가지 어려움이 남아 있다(자료 : Poten & Partners, March 18, 2002).

03 LNGC의 개요

LNGC란 가스전(田), 유전(油田) 혹은 탄전(炭田) 등에 기체상태로 존재하는 메탄(CH_4)이 주성분인 천연가스를 불필요하거나 유해한 혼합물을 제거한 후 이를 액화(액체로 만들어)시킨 액화천연가스(LNG : Liquefied Natural Gas)를 상(狀)변화를 시키지 않은 상태로 생산지에서 소비지로 수송하기 위하여 특별한 구조를 갖춘 선박을 의미한다. 우리가 가정이나 발전소 등에서 실제로 사용하는 천연가스는 기체상태의 가스를 사용한다. 그러나 천연가스를 기체상태로는 부피가 너무 커 대량 운송이 불가능하므로 가스의 부피를 줄이기 위해 천연가스를 액화시킬 필요가 있다. 상온상태의 메탄가스는 액화되면 부피가 600분의 1로 줄어든다. 결국 메탄을 액화하여 LNG 상태로 만들면 선박에 의한 원거리 대량 운송이 가능하게 되는 것이다. 즉 LNGC는 천연가스를 대량 운송하기 위한 핵심적인 운송수단인 셈이다. 그러나 초기에는 액화천연가스(LNG) 온도인 −161.5℃[12]에 견딜 수 있는 초저온 재료의 개발이 늦어져 LNGC의 건조가 지연되었다.

세계 최초로 액화천연가스를 상업목적으로 수송했던 국가는 미국으로 LNGC "Methane Pioneer(27,400m^3)"에 의한 1958년 미국 루이지애나주 미시시피강을 출발, 영국 템즈강까지의 항해로써 이것이 최초의 상업운송이었다. 최초의 상업운송 성공 후 방열재의 결함으로 인한 LNG 유출사고, 슬로싱(Sloshing)으로 인한 화물 탱크(Cargo Tank)의 손상사고, 2차 방벽(2nd Barrier) 손상으로 운항불가판정 등 많은 실패와 시행착오 그리고 지속적인 기술개발을 거듭한 끝에 현재는 145,000m^3의 초대형 LNGC(Liquified Natural Gas Carrier)가 발주되어 건조할 만큼 LNGC의 건조기술은 비약적으로 발전하였다.

한편 우리나라는 1991년 Indonesia/Korea II Project를 FOB(Free On Board, 본선인도가격) 계약조건으로 도입계약을 체결하여 국적 LNGC에 의한 액화천연가스 수송권을 확보하여 우리나라도 천연가스 운반선을 건조 · 운항

12) −161.5℃가 얼마나 낮은 온도인지 이해하기는 쉽지 않다. 필자가 LNGC 개발 초기에 한국가스공사에서 교육을 받았을 때 본 사실인데 장미꽃을 LNG에 잠시 담갔다가 꺼내보니 싱싱하던 장미꽃이 마치 과자부스러기처럼 부서지는 보습을 보았다.

할 수 있게 됨에 따라 1994년 최초의 LNGC인 "현대유토피아(Hyundai Utopia)"호를 건조/운항하였고 계속하여 국적 LNGC를 건조하기에 이르렀다.

이후의 액화천연가스 도입 프로젝트는 대부분 수입국이 해상수송에 관련한 모든 권한을 가진 FOB 프로젝트로 시행하여 최단기간 내에 우리나라는 대규모의 천연가스 C대를 보유 운항할 수 있는 여건이 조성되었다. 그리고 한편으로는 경제발전으로 인한 생활수준 향상으로 국내의 천연가스의 소비가 난방용을 중심으로 빠르게 증가하였으며, 이에 따라 한국가스공사(KOGAS)는 증가하는 천연가스 수요에 대응하기 위한 새로운 천연가스 도입계획을 계속 추진하여 지속적으로 LNGC를 발주한 결과 2007년에는 총 18척을 건조, 4개 해운 운영선사에 의해 운항되었다.

1. LNGC의 발전과정

편의상 액화천연가스 운반선의 개발단계를 3단계로 분류한다.

① 1950~1960년대 LNG 담당자들을 1세대

② 1960~1980년대 LNG 담당자들을 2세대

③ 1990년대 이후 LNG 담당자들을 3세대

로 구분하고 있으며 우리나라와 이웃 일본은 3세대 또는 2세대말경에 액화천연가스 운반선 사업을 시작했던 관계로 초기 유럽과 미국개발자들이 겪었던 많은 문제점과 어려움 없이 LNG 사업을 시작한 이점을 가지고 있다.

2. 액화기술 및 LNGC 발달과정

① 1798년 Ammonia(−33.5℃)의 액화 성공

② 1845년 영국 화학자 Faraday가 Ethylene(−102.5℃), Methane(−161.5℃)을 액화하는데 성공

③ 1900년 압력용기(140~210kg/cm^2)로 천연가스를 하천을 통해 수송시작

④ 1940년 육상에 액화천연가스 Plant 건설(2320m^3 구형 탱크 3기)

⑤ 1944년 육상저장탱크의 Crack 발생으로 LNG 누출(4000m^3) 사고로 대형

화재발생 및 이 사고로 저장탱크가 붕괴하여 사망자만도 128명이나 발생하는 대형 참사가 발생하여 이후 10년 간 LNG 산업은 침체기에 빠짐

⑥ 1954년 최초의 LNG Barge선 "Methane" 준공으로 액화천연가스 해상수송 프로젝트가 시작됨

⑦ 1958년 LNGC "Methane Pioneer" 실험항해 성공

⑧ 1963년 프랑스에 의해 Membrane 방식인 Techni-Gas와 Gas Transport Type의 개발성공으로 프랑스가 LNGC 시장지배

⑨ 1970년 노르웨이의 Moss Rosenberg사 신형 Moss Type 액화천연가스 수송선 개발. 이후 액화천연가스 수송선 시장은 Membrane 방식과 Moss 방식이 상호 경쟁하며 발전하였으나 Membrane 방식이 우세임

⑩ 1975년 미국 내 조선소에서 건조한 액화천연가스 수송선 "El Paso Paul Kayser(엘파소 폴카이져, Gas Transport 건조방식)"호 항해중 화물 Sloshing으로 인하여 탱크 손상사고 발생. 동형 LNGC "El Paso Savannah (엘파소 사바나, Conchi-2 방식)"호 제2차 방벽 손상으로 운항 불가하여 한국의 미포조선소에서 해체함

⑪ 125K(125,000CBM)의 대형 액화천연가스 수송선 출현

⑫ 1980년 일본에서 125K Moss형 액화천연가스 수송선 건조시작

⑬ 1991년 국내 최초로 125K Moss형(Hyundai Utopia, YK Sovereign) LNGC 현대중공업에서, 1992년 125K Membrane형(Hanjin Pyeongtaek) LNGC 한진중공업에서 건조시작

⑭ 2001년 일본 가와사키 조선소에서 145K Moss형 LNGC 건조 및 운항

⑮ 2004년 디젤엔진 탑재한 LNGC 운항(74K LNGC)

⑯ 2006년 DFDE 및 재액화설비를 탑재한 215K 및 250K는 건조되었으며 2007년 하반기부터 순차적으로 투입

3. LNGC의 종류

(1) 액화가스 수송방식

액화가스를 운송/저장하는 방법은 다음 3가지로 분류할 수 있다.

1) 상온가압식

액화가스를 상온을 유지한 상태에서 압력을 가하여(표준기압보다 높은 기압으로) 액화가스를 운송하거나 저장하는 방법으로 보통 기준온도를 45℃로 하고 운송화물의 액화압력을 고려하여 임계온도가 45℃ 이상인 LPG(프로판, 부탄), 암모니아, 염화비닐, 프로필렌 등을 운송하기에 적합하다. 이 방식은 화물탱크에 압력을 가하여 운송하므로 대형선에서는 부적합하고 소형선에서 채용한다. 또 압력으로 화물을 관리하기 때문에 화물탱크에 방열(防熱)을 하지 않으며 BOG(Boil-Off Gas) 처리장치도 없다. 보통 크기는 3천 톤 이내의 소형선이며 현측에 "LPG"라고 표시한 선박들이 그런 예이다. 〈그림 1-19〉는 상온/가압식 Cargo Tank의 구조를 보여주고 있다.

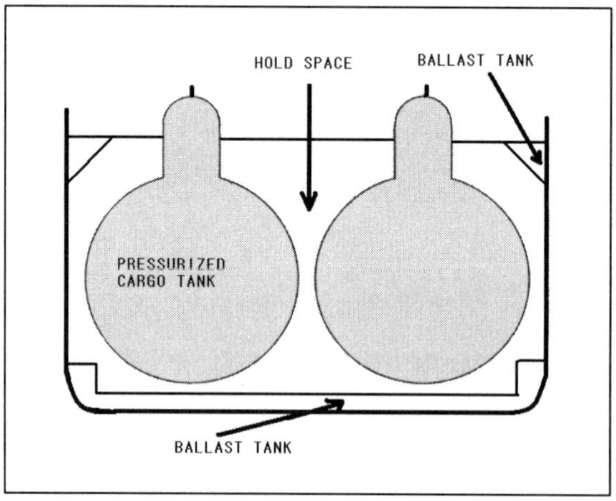

〈그림 1-19〉 상온가압식 Cargo Tank의 구조

2) 저온가압식

액화가스관리를 온도와 압력 두 가지로 관리하는 방식을 말하며 탱크에는 방열재와 냉각장치를 설치해야 하고, 또한 압력을 유지하기 위해서도 설비를 갖추어야 되기 때문에 복잡하고 고가의 선박이 되어 대형선에서는 채용되기 힘든 방식이다.

3) 저온상압식

압력을 대기압 부근에서 유지하면서 가스를 비점 이하로 하여 수송하는 방식을 말하며, 방열재를 설치하고 외부의 열침입에 의한 BOG는 재액화하든지 혹은 연료로 사용한다. 이 방식은 탱크 설계 및 압력에 의한 제약이 별로 없어 경제성과 대형화가 가능하여 대형의 LNG, LPG선에서는 거의 이 방식을 채택하고 있다. 〈그림 1-20〉은 LNG와 LPG의 주요 화물인 탄화수소가스의 온도와 압력관계를 나타낸 그래프이다.

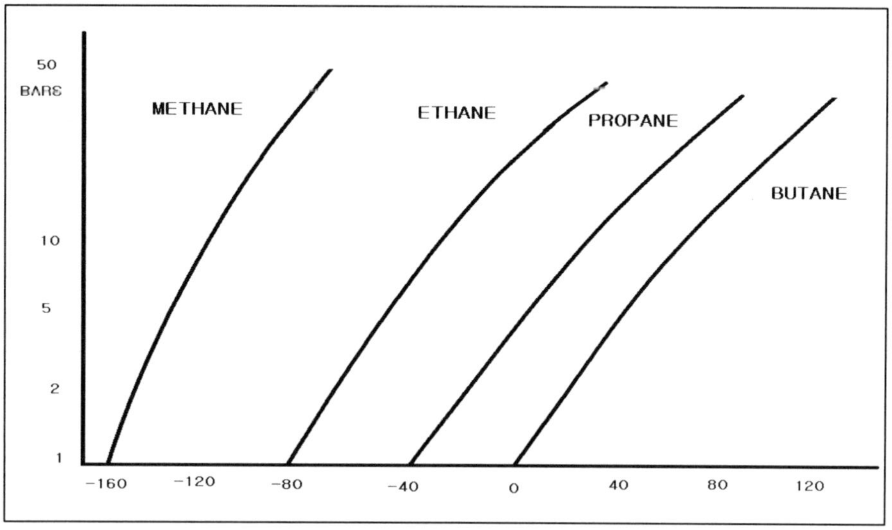

〈그림 1-20〉 주요 탄화수소가스의 온도와 압력관계

(2) 저온 방식 탱크의 종류

저온 탱크 방식에는 독립구형, 독립방형, 멤브레인형, 세미멤브레인형, 일체형 등 여러 가지 종류의 탱크방식이 있으나 현재 액화천연가스 수송선 건조시 채택하고 있는 독립구형(일명 Moss형)방식과 멤브레인형에 대하여 살펴보기로 한다.

1) 멤브레인형(박판) 탱크 방식

이 방식은 초기 액화천연가스 저장방식으로 개발되어 현재까지 가장 널리 사용되는 방식이다. 육상에 건설된 모든 LNG 저장탱크는 이 방식으로 건설되고 있으며 현재 운항하고 있는 액화천연가스 운반선의 절반 가량이 멤브레인형(Membrane) 선박이다. 이 방식은 멤브레인의 재질과 개발회사의 이름에 따라 크게 Gaz Transport 방식과 Technigaz 방식으로 나눌 수 있는데 두 방식사이의 큰 차이점은 화물 탱크 재료로 INVAR(Invariable의 약어로, 36% Nickel 강과 Stainless Steel강과의 합금으로 만든다)와 Stainless Steel강을 사용하는 점이다. 최근 GAZ TRANSPORT사(社)와 TECHNIGAZ사(社)가 합병되어 GTT사(GAZ TRANSPORT & TECHNIGAZ)가 되었고 현재는 건조조선소의 설계방식에 따라 GTT 96-2 Type과 GTT MARK Ⅲ Type으로 나눈다.

2) Gaz Transport 방식(GTT 96-2 Type)

화물 탱크(Cargo Tank) 재료는 0.7mm 두께의 INVAR를 사용하며 선체와 탱크 사이의 2차 방벽에는 합판(Plywood)을 사용하고 합판사이에 방열재로는 퍼라이트 박스(Perlite Box)나 폴리우레탄 폼(Polyurethane Foam)을 사용한다.

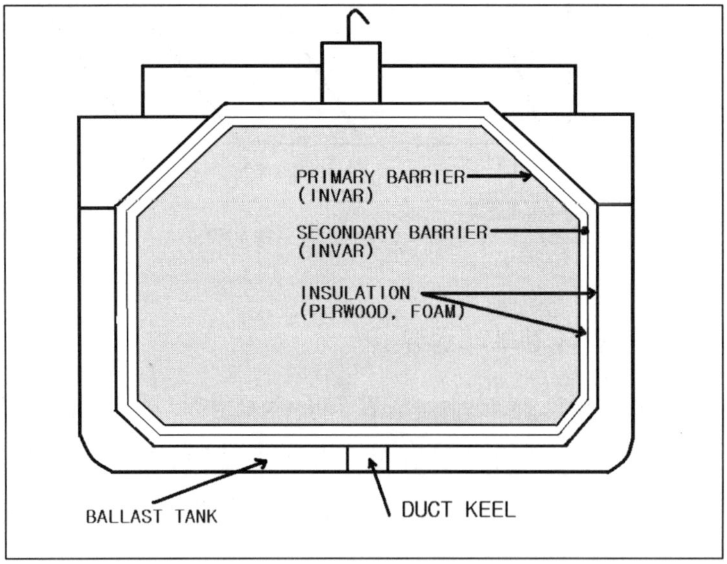

〈그림 1-21〉 Gaz Transport Membrane Cargo Tank

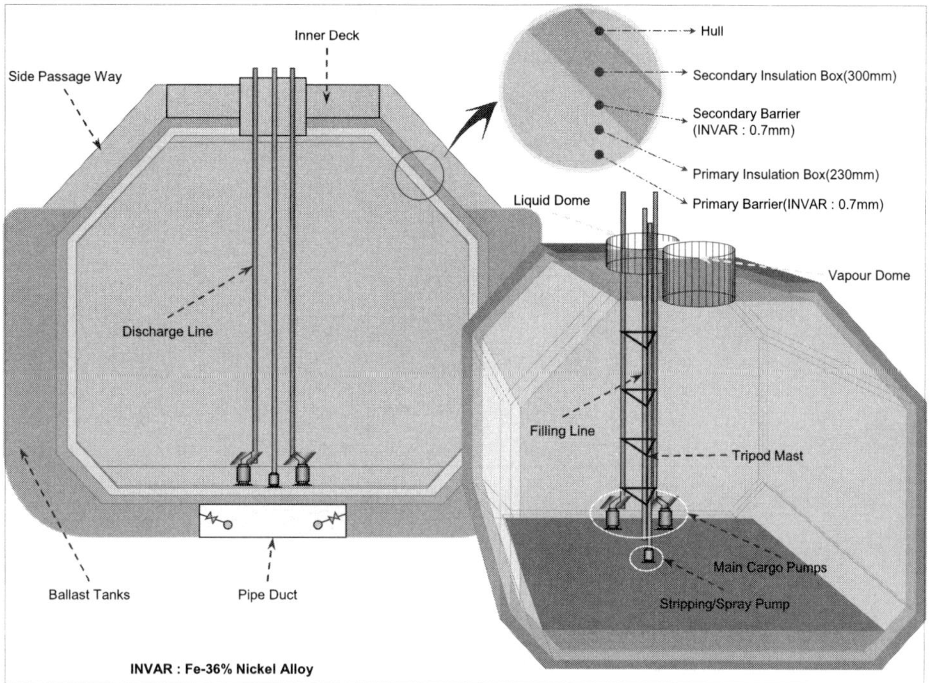

〈그림 1-22〉 Membrane Cargo Tank(GTT96) Diagram

〈그림 1-23〉 Membrane Cargo Tank 1(GTT96)

〈그림 1-24〉 Membrane Cargo Tank 2(GTT96)

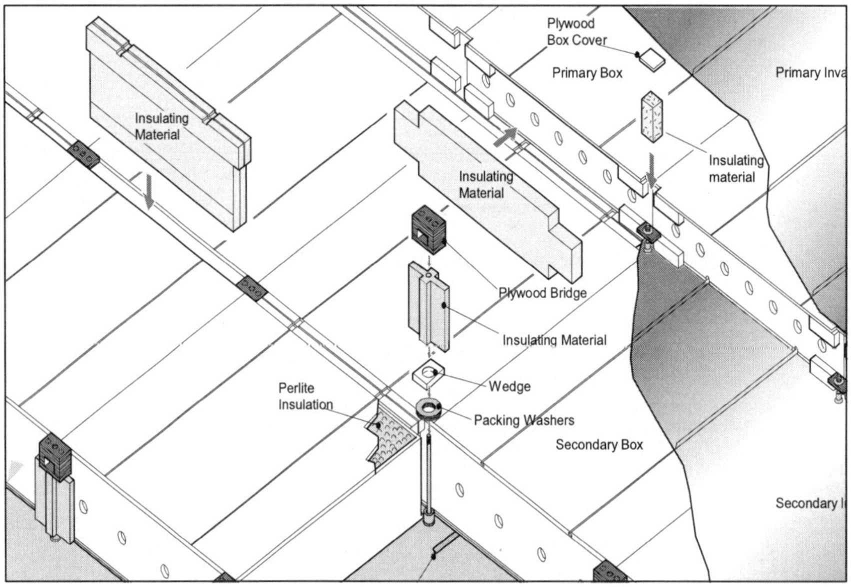

〈그림 1-25〉 Membrane Cargo Tank 3(GTT96) Structure

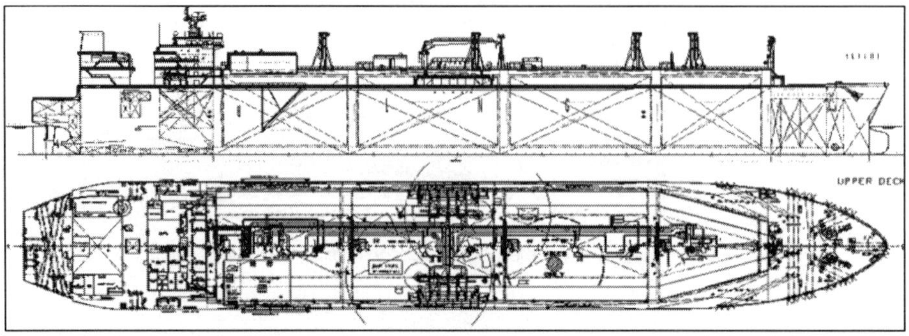

〈그림 1-26〉 General Arrangement

3) Techni-Gaz 방식(GTT Mark Ⅲ Type)

탱크 재료로 1.2mm 스테인리스 스틸(Stainless Steel ; SUS 304L)을 사용하며 방열재로는 발사 우드(Balsa Wood)와 폴리우레탄 폼(Polyurethane Foam)을 사용한다.

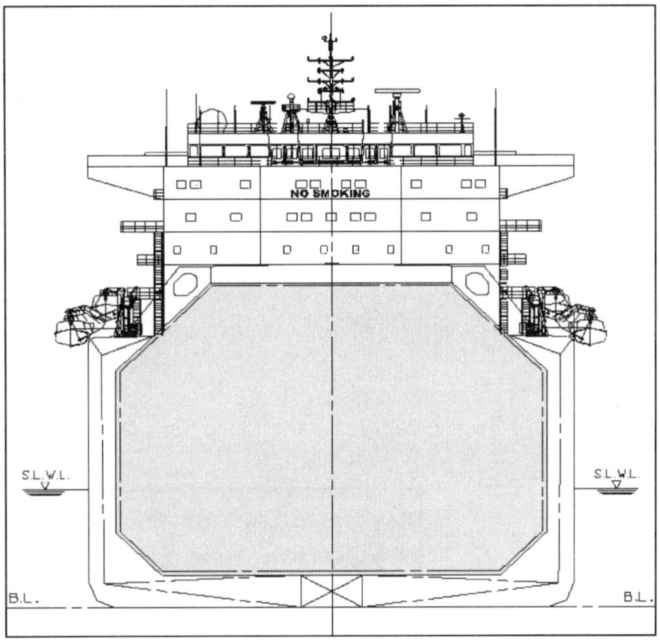

〈그림 1-27〉 General Arrangement(GTT MARK Ⅲ)

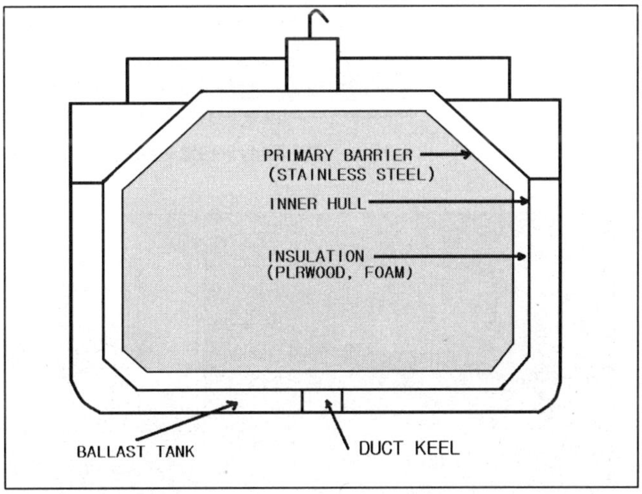

〈그림 1-28〉 Techni-Gaz Membrane Cargo Tank

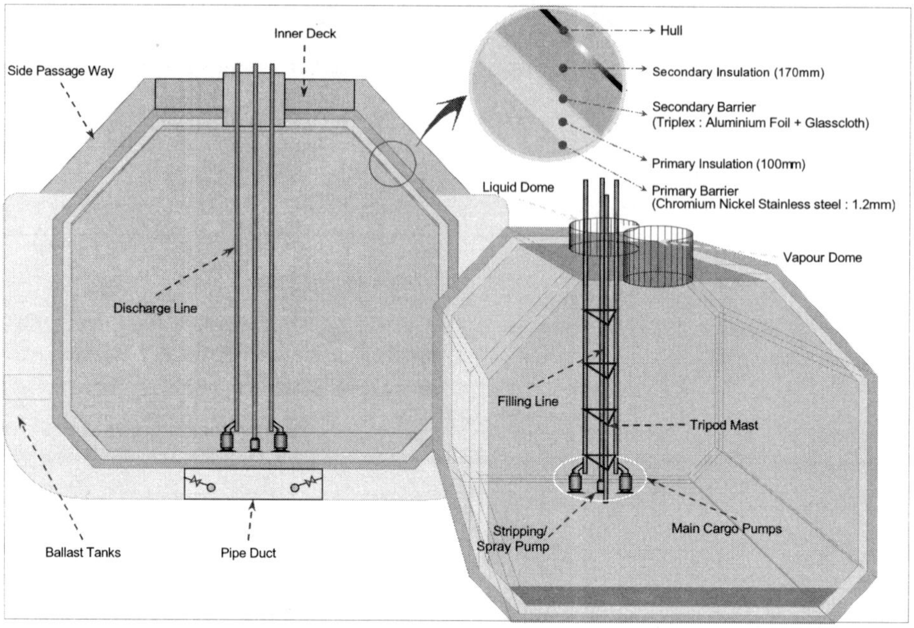

〈그림 1-29〉 Techni-Gaz Membrane Cargo Tank Diagram

〈그림 1-30〉 Techni-Gaz Membrane Cargo Tank Wall

〈그림 1-31〉 Techni-Gaz Membrane Cargo Overview

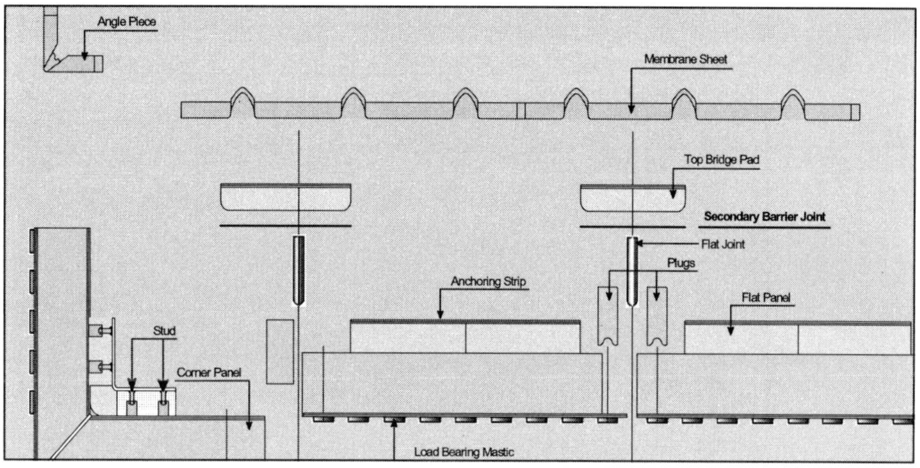

〈그림 1-32〉 Techni-Gaz Membrane Cargo Tank Insulation

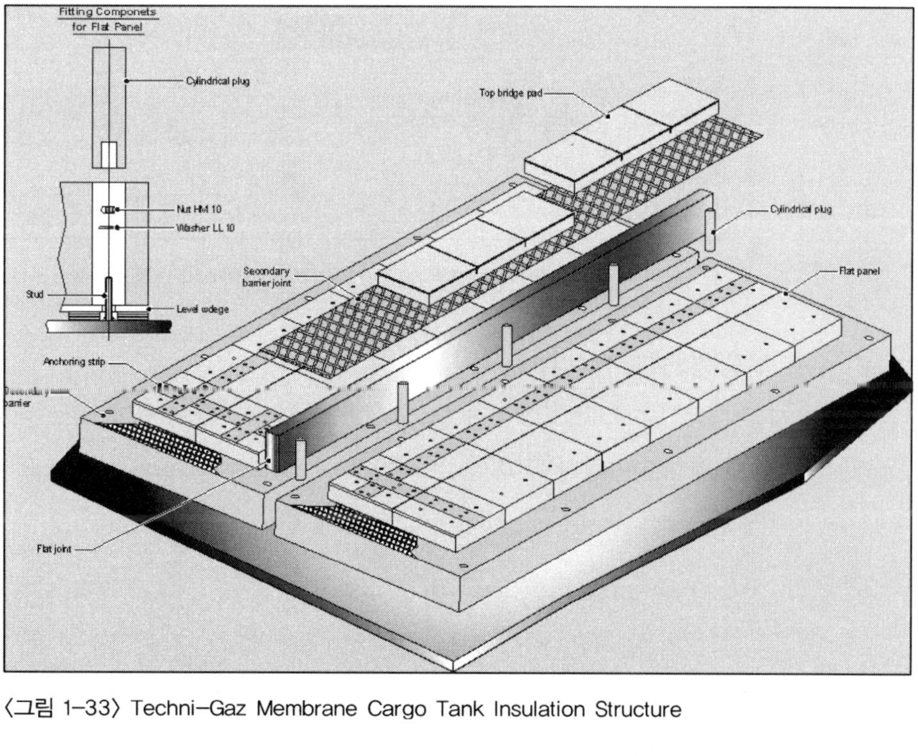

〈그림 1-33〉 Techni-Gaz Membrane Cargo Tank Insulation Structure

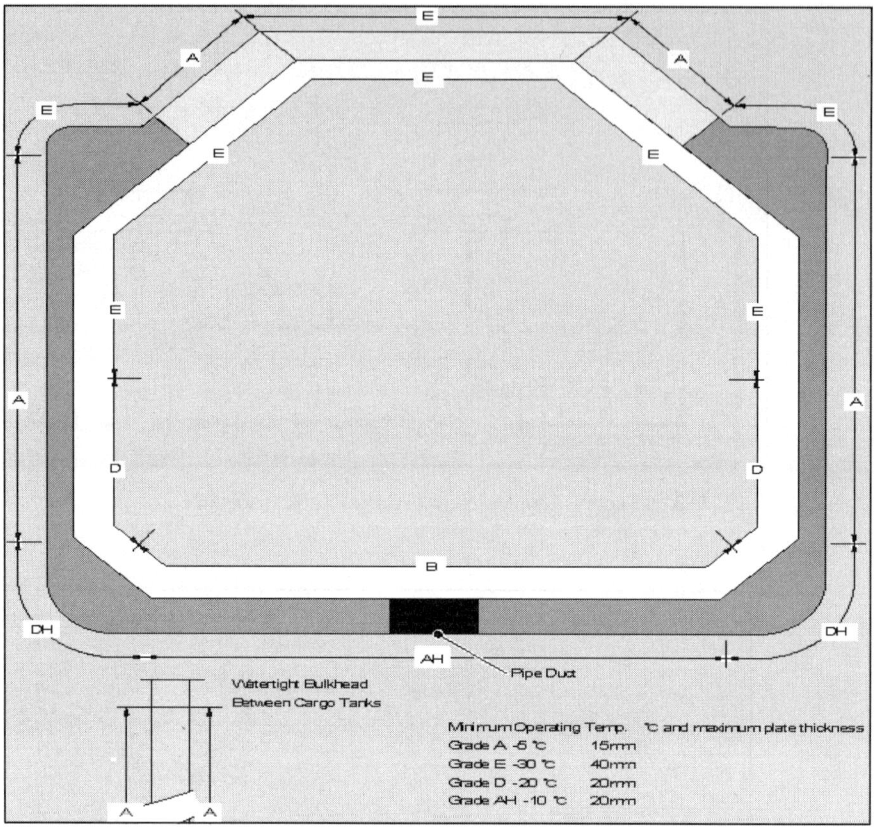

〈그림 1-34〉 Techni-Gaz Membrane Cargo Tank Insulation Overview

4) 독립형 탱크 방식

이 방식은 "SPB" 방식과 "Moss" 구형(球型) 탱크 방식으로 나눌 수 있으나, 현재 운항중이거나 건조중인 독립형 탱크(Self-supporting Tank Type) 방식의 LNGC는 거의 대부분 Moss 구형 독립탱크 방식이다.

① Moss 구형 독립 탱크 방식

모스 방식은 노르웨이선급협회(DNV)의 연구와 기술협조 아래 노르웨이의 모스로젠버그(Moss Rosenberg)사에 의해 개발된 것으로 1973년 첫 호선인 "Norman Lady(87,600m^3)"호가 건조된 이래 전 세계 액화천연가스 운반선의 반 이상(총 68척)이 Moss형으로 건조되었다. 탱크 재료는 건조 초기에는 INVAR로 건조하였으나 그 후 알루미늄으로 만들기 시작하여 현재는 전부 알루미늄으로 만들고 있으며 탱크 하중은 스커트

(Skirt)[13]에 의해 선체에 흡수되는 구조로 되어 있다. 〈그림 1-35〉, 〈그림 1-36〉은 각각 이 방식의 대략적인 구조(GA)를 보여주고 있다.

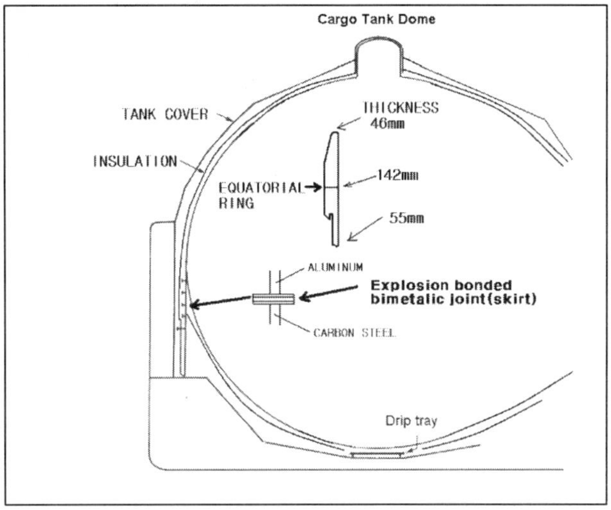

〈그림 1-35〉 Self-supporting Spherical Tank(Moss type)

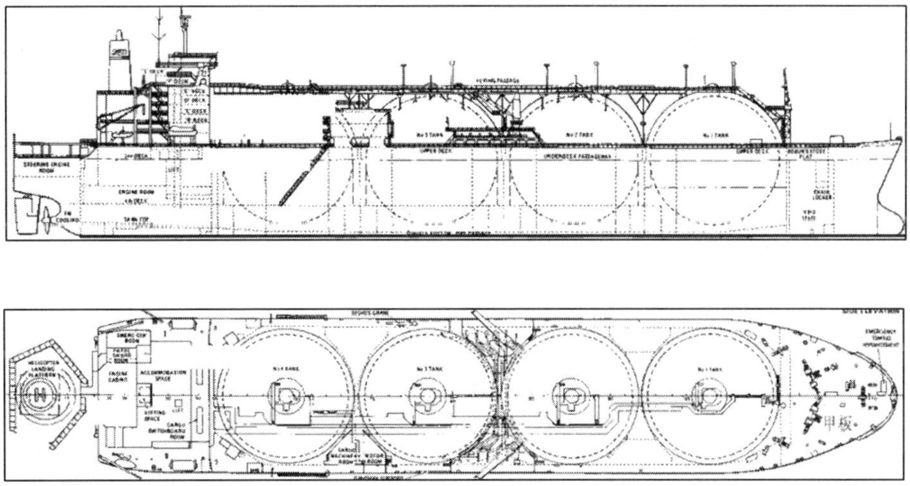

〈그림 1-36〉 General Arrangement of Self-supporting Spherical Tank

13) 스커트는 알루미늄 탱크 중간부분(보통 적도부라고 한다)과 선체를 용접하는데 양 사이에 들어가는 금속판을 말하는데 이것을 만드는 과정은 이렇다. 탱크의 재질인 알루미늄과 선체의 재질인 스틸과는 용접이 불가능해 알루미늄과 일반 스틸 사이에 티타늄을 넣고 화약에 의한 폭발용접으로 3가지 금속을 접합시켜 만든다. 즉 이 금속판을 탱크와 선체를 넣으면 양쪽 모두 용접이 가능해지는 것이다.

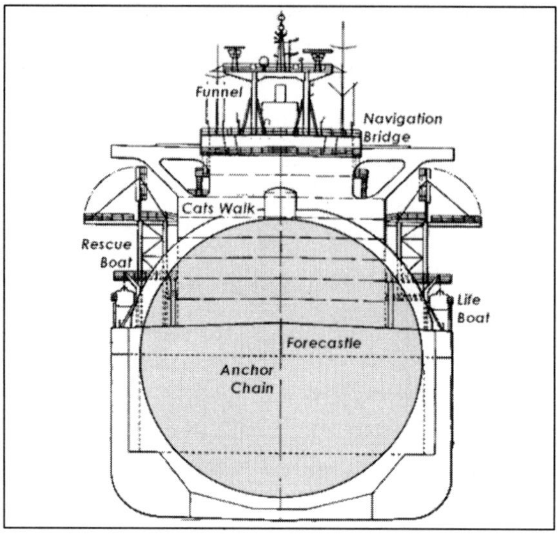

〈그림 1-37〉 Self-supporting Spherical Tank(Moss type)

② SPB 방식

SPB(Self-supporting Prismatic Bulkhead)이 방식은 탱크를 구형이 아닌 방형으로 건조하는 방식으로 탱크 재료는 모스형과 같이 알루미늄으로 제작하며 화물 탱크 하부는 선체와 직접 접하지 않고 사이에 합판이나 각목 등을 넣어 2차 방벽과 선체로부터 분리되도록 설계된 구조이다.

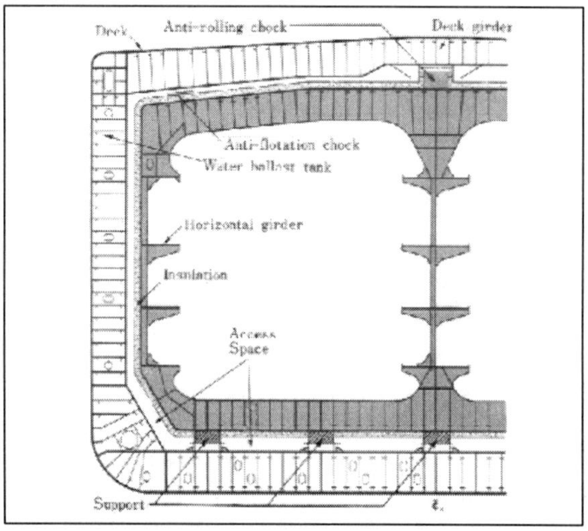

Source : IHI

〈그림 1-38〉 Self-supporting Prismatic Bulkhead(SPB)

이 방식은 일본조선소(IHI : Ishigawa Heavy Industry)에서 채택하여 현재 전 세계적으로 2척이 건조, 운항중이다.

5) Membrane Type과 Moss Type Cargo Tank의 비교

LNGC 가운데 Moss형과 Membrane형 중 어느 형이 경쟁력이 있는지 여부의 논쟁은 지금도 계속되는 논제이며 각자 장 · 단점이 있어 어느 형이 좋은가는 단정적으로 말하기는 어려우나 대체로 유럽지역자본으로 개발되는 프로젝트는 멤브레인형을 미국, 일본의 자본에는 모스형이 선호되는 것으로 보이는데 특히 일본의 경우, 지금까지 건조운항하고 있는 모든 액화천연가스 수송선은 전부 Moss형 LNGC로 건조하였다.

Membrane Type과 Moss Type LNG Carrier의 장 · 단점을 비교하는 것은 관점에 따라서 다를 수 있다. 즉 Membrane LNGC를 주로 건조하고 있는 조선소나 선박을 운항하는 선사들은 Membrane Type의 선박의 장점을 강조하나 그 반대의 경우에는 Moss Type LNGC를 선호하게 될 것은 자명하다.

필자의 견해로는 1971년 Moss LNGC가 처음 개발되었을 때에는 선박의 안정성 측면에서 확실히 Moss를 선호하였으며 그 후의 LNGC 건조 실적에서도 이 선형이 우세하였다.

LNG 산업이 비약적인 발전을 하던 1990년대 후반부터 상황이 변하기 시작하였다. Builder 입장에서는 안전운항측면에서 유리하지만 선가가 비싼 Moss Type 보다는 Membrane을 선호하게 되었으며, Moss 액화천연가스 운반선은 선박의 대형화 추세를 맞아 결정적인 타격을 받았다.

LNGC는 2000년 상반기를 전후하여 140,000CBM을 넘어 215,000m^3(Q-Flex)급을 지나 260,000K(Q-Max)급으로 급격한 변화를 보이는 과정에서 MOSS LNGC는 Safety(구조해석상의 강도해석)를 만족하지 못해 경쟁에서 밀려나는 환경에 처해있는 실정이다.

〈표 1-12〉 선형별 비교 특성

선 형	MOSS 구형 LNG 船	MEMBRANE형 LNG 船
1. Cargo Tank 지지방법	- 선체와 독립된 알루미늄 구형 탱크가 스커트(Skirt)에 의해 지지됨 - 구형은 기하학적으로 가장 안전한 내응력(耐應力) 구조임	- h-Membrane이 Cargo Tank이며 이것이 보냉재(保冷材)를 통해 선체에 지지됨 - Tank가 각형으로 응력 집중부위가 많음
2. Cargo Tank 설계개념	설계기술상 응력계산 및 해석이 용이하며 Leak-before-Failure 개념[14]에 입각설계 및 시공되어 손상이 확대되지 않음	정밀한 응력계산이 힘들고 손상발생 시 범위하게 될 가능성 있음
3. Cargo Tank 검사	구형 탱크로 운항중 항시 검사가 가능하며 또한 건조중에도 비파괴 검사 등이 가능함	운항중 검사할 방법이 어렵고 건조중 파괴(非破壞)검사가 힘듬
4. 2차 방벽	구형 탱크는 상대적으로 안전하여 2차 방벽 설치를 면제받음	2차 방벽설치가 필요함
5. 선체로부터 독립성	화물 탱크는 선체와 독립되어 선체 결함에 의한 영향은 크지 않음	화물 탱크가 보냉재로 지지된 구조로 선체결함에 직접 영향을 받음
6. 화물적재 제한 여부	구형 탱크는 화물의 움직임에 의한 선체 응력, 즉 Sloshing에 영향이 거의 없어 Partial Loading[15] 가능함	탱크가 보냉재에 의하여 지지를 받아 부분선적이 곤란함
7. Cargo Tank 수명(壽命)	Cargo Tank의 수명을 보통 100년으로 보며 선체의 폐선에도 불구하고 재사용이 가능함	Cargo Tank의 구조상 선체와 수명을 다하게 되지만 외판을 새로 교체, 재사용이 가능함
8. 시야(視野)	선체 갑판상부에 Dome이 돌출되어 있어 선교의 높이가 멤브레인형보다 높음	- 상대적으로 Moss형 보다 낮아도 됨 - 적은 풍압면적으로 조종성능 우수
9. 선가(船價)	멤브레인형에 비해 건조선가 고가	건조선가가 상대적 저렴함
10. 운항문제	- 공선항해(밸러스트항해)중 Cargo Tank의 온도를 유지하기 위해 지속적으로 Cool-down을 해야 함 - 장기대기 혹은 Dock 후 Cargo Tank Cool-down 시 많은 시간과 LNG가 필요함	- 항해중 Tank Cool-down은 필요 없음(시간 단축 가능) - 상대적으로 시간과 LNG 소모량이 적음 - 총톤수가 적어 운항비가 절감됨

14) 이 개념은 2차 방벽 면제의 이론적 개념인데 즉 만일 Cargo Tank에 크랙(Crack)이 발생해도 발생된 크랙이 비교적 적게 진전되었을 때 감지된다는 것이며, 화물 탱크가 취성파괴 될 때까지는 상당한 시간이 경과하므로 이전에 조치를 취할 수 있다는 것이다.

15) 통상적으로 LNGC는 부분 적하를 안하지만, 드물게 시행하는 경우가 있는데 필자가 선장으로 승선하였을 때 한번 경험을 하였으며 현재 우리나라에서는 3번 정도 했던 것으로 기억하고 있다. 전부 Moss형 선박이었음은 물론이다. 또한 필자는 인도네시아 본탕(Bontang)항에서 Half Loading(전 탱크를 반만 선적하였음) 후 수마트라섬 북단에 위치한 아룬(Arun)에서 나머지 반을 선적하라는 지시를 받고 과연

4. 국적 LNGC List

우리나라가 최초로 액화천연가스 수송선 건조 및 운항계획을 수립했던 1990년 초 그 당시 국내의 조선소, 해운선사 및 해기사 가운데 LNG와 LNGC에 관련한 지식이나 운항경험을 가진 주체는 어디에도 없었다.

우리가 천연가스수송선에 관심을 가지고 있던 당시 이웃 일본은 벌써 15척 이상의 LNGC를 자국 내 조선소(MHI, KHI, MES, IHI, NKK)에서 건조, 자국 승무원에 의해 운항하고 있었으나 우리나라 선원들에게는 전혀 승선기회를 주지 않았던 시절이었다.

다행히 1986년 한국가스공사 평택 LNG 인수기지에 CIF 조건으로 천연가스가 도입되기 시작하면서 단편적이고 개략적인 LNGC의 구조, 건조기술, 운항기술 등의 지식을 습득하기 시작하였다.

초기의 LNGC 건조/운항 프로젝트는 한국가스공사(KOGAS), 현대중공업(HHI) 및 현대상선(株)의 주도하에 기타 조선소 및 운항선사의 합심으로 성공[16]을 거두게 된 것이다. 한마디로 우리나라의 액화천연가스 수송선 건조/운항 프로젝트는 무(無)에서 유(有)를 창조했다고 볼 수 있다.

〈표 1-13〉은 현재 취항중인 국적 LNGC List이다.

화물 탱크에 다른 종류의 LNG(본탕과 아룬의 액화천연가스는 조성 및 액화온도 등이 다르다)를 혼적해도 문제가 없는지 또한 지금까지의 경험을 알아본바 우리나라에서는 없었고 이 건에 대하여 그 누구도 괜찮다는 확신을 주지 못하여 이것이 과연 가능할까 혹은 뒤에 설명하는 Roll Over 같은 문제가 발생하지 않을까 하는 생각으로 밤을 지새우면서 걱정한 기억이 새롭다.

16) 처음 우리나라가 LNGC 건조/운항 프로젝트를 추진한다는 소식을 접한 일본은 당시 국내의 조선소 건조능력을 감안하면 LNGC를 건조는 가능한 것으로 평가하였으나 LNG 수송선의 운항상 많은 어려움으로 우리나라 승무원에 의한 운항은 불가능할 것이라는 의견이 지배적이었다. 그러나 1994년 6월 우리나라 최초의 LNGC 현대유토피아(Hyundai Utopia)호가 인도네시아 본탕(Bontang)항에서 어려운 선적전(前) 작업을 마치고 LNG를 성공적으로 선적하였을 때 본선승무원들도 감격스러웠지만 무엇보다도 일본의 LNG 담당자들이 놀랐다는 소식을 들었다.

〈표 1-13〉 Korean LNG Carriers List

No	Ship Operation	Ship's Name	Ship's Type	Sailing Date	Project	Capacity
1	HMM	Hyundai Utopia	Moss	1994.06	Indonesia	125,000
2	SK Shipping	YK Sovereign	Moss	1994.12	Malaysia	
3	Hanjin Shipping	Hanjin Pyeongtaek	Membrane	1995.09	Indonesia	
4	HMM	Hyundai Greenpia	Moss	1996.11	Malaysia	
5	SK Shipping	SK Summit	Membrane	1999.07	Qatar	135,000
6	HMM	Hyundai Technopia	Moss	1999.07	Qatar	
7	Hanjin Shipping	Hanjin Muscat	Membrane	1999.07	Oman	
8	Korea Line Corp	K. Acacia	Membrane	1999.12	Oman	
9	HMM	Hyundai Cosmopia	Moss	2000.01	Qatar	
10	SK Shipping	SK Supreme	Membrane	2000.01	Qatar	
11	Hanjin Shipping	Hanjin Sur	Membrane	2000.03	Oman	
12	SK Shipping	SK Splender	Membrane	2000.03	Oman	
13	HMM	Hyundai Aquapia	Moss	2000.03	Oman	
14	Hanjin Shipping	Hanjin Ras Laffan	Membrane	2000.06	Qatar	
15	Korea Line Corp	K. Freesia	Membrane	2000.06	Qatar	
16	HMM	Hyundai Oceanpia	Moss	2000.06	Indonesia	
17	SK Shipping	SK Stellar	Membrane	2000.06	Qatar	

주 : 1. 선사별 선박 보유 척수 : HMM 6척, SK 5척, Hanjin 4척, K.L 2척
2. 선형별 보유 척수 : Moss형 7척, Membrane형 10척
3. 용량별 보유 척수 : 125,000 CBM 4척, 135,000 CBM 13척

5. LNGC 건조 선가

액화천연가스 수송선의 건조 선가는 1990년 2억 6천만 달러에서 2006년 1억 7천만 달러로 10년간 약 35%가 하락하였는데 이는 1980년 말 전후에 우리나라 및 일본에서도 LNGC에 대한 발주/건조가 시작된 것과 무관하지 않다. 특히 최근의 발주현황을 보면 2002년 7월 전체 발주 잔량 64척 가운데 우리나라가 37척, 일본이 21척 기타 스페인 5척, 프랑스가 1척으로 조사되었는데 이러한 가격하락은 LNGC 건조 주체가 유럽에서 한국과 일본조선소로 이동된 것과 무관하지 않은 것임을 보여주는 결과다. 특히 한국의 조선소들은 국내 천연가스

운영선사로부터 발주받았던 1990년 중반 이후부터 이미 초기 투자비용을 거의 회수했기 때문에 공격적인 수주 마케팅을 할 수가 있었다. 최근의 액화천연가스 수송선 건조기술 발달경향으로 볼 때 건조 선가는 더욱 더 하락할 것으로 보인다.

Ⅱ LNGC의 화물작업

01 LNG Loading

02 LNG Unloading

03 항해중 화물관리

01 LNG Loading

LNGC가 Loading Port에 입항하는 상태는 크게 Cargo Tank 내부가 Cool-down이 되어 있는 "Cold Condition"과 Cool-down이 되어 있지 않은 "Hot Condition"으로 구분할 수 있다.

LNGC의 Cold Condition이란 본선이 선적항에 도착 전 선적에 필요한 모든 조건을 갖춘 상태를 말하며, 그러한 조건이란 Cargo Tank Cool-down과 Line Cool-down이 완료된 상태를 말하는 것이지만 Line Cool-down의 경우 본선 접안 후 육상 탱크로부터 본선 Cargo Tank까지 Loading Arm Cool-down을 실시하기 때문에 따로 본선에서 실시하지 않는 경우가 일반적이다.

1. Loading Port와 통신 및 입항 전 점검

(1) 입항 전 통보

입항 96, 48, 24, 12시간 전 Terminal과 기타 관련 기관에 본선 ETA를 통보하여 본선 일정을 알린다.

(2) 본선 접안 Schedule 확정

Terminal로부터 통상적으로 입항 24시간 전에 본선일정을 통보받는데 특별한 경우가 아니면 본선에서 통보한 일정에 접안하게 된다. 여기서 본선 접안 일정은 매우 중요한 의미를 가지는데 이는 Cargo Tank Cool-down 작업과 연관이 있기 때문이다.

(3) 입항 준비

접안 일정이 확정되면 본선 자체의 계획에 의거 다음과 같은 항목에 대한 점검 및 조치를 취한다.

1) 24시간 전 Check Items

① Fire Main/Deck Water Spray System

- Fire/Water Spray용 Pump 가동, 수압 및 Spray 상태 점검
- Spray용 Nozzle은 자주 막히므로 실제 운전 Test
- Manifold Water Curtain System 작동 Test

② Dry Chemical 소화장치

- Check N_2 Cylinder
- Dry Chemical Charge Pressure
- Pilot Cylinder
- Monitor 및 Hose의 상태

③ Ballast용 Hydro System

- Hydro System Oil Level 확인
- 관련 Valve의 On/Off 확인

④ Cargo용 Hydro-System 및 Valve

- Hydro System Oil Level
- Hydro System Operating Pressure
- Valve 점검
  - 각 Tank Filling Valve(Position Indicator 포함)
  - 각 Tank Branch Valve(VCL #10)
  - Manifold ESD Valve(Vent Valve에 의해 Leak 여부 판단)
  - Vapor Return Valve(VCG 900)

⑤ ESDS System

매 항차 적하·양하지에서 Test를 행하나 필요 시 항해중 작동 Test를 실시하여야 한다.

⑥ Tank Protection System의 Test (차압 Test) : 3개월 1회 정도 Test

- 준 비

- 각 Tank Vapor Valve Close(VCG#70)
- FWD Vent Mast의 VCG 773 Manual Valve를 서서히 Open, Vapor Header 내의 압력을 천천히 강하시킨다.

• Alarm 및 ESD 작동
  - Vapor Header Pressure 〈 10mb : Alarm 발생
  - Vapor Header Pressure 〈 3mb : Alarm 및 ESD 작동
  - Vapor Header Pressure＝Primary Insulation Space N_2 가압 Line 간 차압이 Zcro가 되면 : ESDS 작동

• FWD Vent Mast VCG773 Close, Tank Gas Valve를 Open 후 ESD Reset한다.

• Test가 완료되면 Engine Room에 연락, Gas Burning을 재개시킨다.

⑦ 각종 압력, 온도 Gauge의 현장 및 IAS의 Remote Signal과 비교, Check.

⑧ Gas Detection System

• Sample Gas에 의한 정기적인 Calibration 실시
• 가스 누설부의 유무 및 정상 작동확인

⑨ Hull Heating System

• Electric Heater의 작동상태, 출구/입구 온도
• Passage Way의 3-Way Control Valve
• IAS상 Set Point

⑩ Machinery/Motor Room

• Fan 작동상태
• Motor Room Inter-Lock System

⑪ CTMS

• CTMS System 작동상태 확인

⑫ 안전장비 및 품목

• Check Manifold Protective Clothing
• Emergency Breathing Apparatus

- Portable Gas Detector Charging 및 Test
- O_2 Meter Charging 및 Test
- Manifold Spare Gasket 점검

2) 선적항 도착 2시간 전

① Fire Main의 가압

Pilot 승선할 때 Jockey Pump 가동, Forecastle Anchor Washing Valve Open하여 Fire Main Line을 가압시켜 둔다. Hose 연결 후 Manifold Water Curtain을 실시할 때 Forecastle Anchor Washing Valve를 Close한다.

② Fire Hose, Dry Chemical Hose Lay-out

Fire Hose 및 Dry Chemical Hose는 즉시 사용할 수 있도록 각 Tank Liquid Dome 또는 Gas Dome쪽에 Hose Nozzle이 오도록, Manifold 부근은 Manifold Hose 연결 부위에 오도록 Hose Lay-out을 실시한다.(입항 준비작업에서)

③ Mooring Line Lay-out

해당 Terminal에 적합한 Mooring Arrangement를 참조, 미리 Mooring Line을 준비시켜 둔다. 이때 Mooring Winch의 Test, Tail Rope의 점검, Mooring Winch의 Greasing 등을 동시에 실시한다.

④ Emergency Fire Hose 준비

접안 반대편 선수미에 Fire Hose를 Lay-Out, 접안이 끝나면 곧 규정대로 수면 상에 내려둔다.

⑤ Main Deck Scupper 실시

Bunkering의 유무에 관계없이 항만 규정에 따라 입항 준비작업 시 Deck 상 모든 Scupper는 반드시 막는다. 선미 측 양현 1개씩은 우천 시에 대비, Oil Catcher를 끼워서 준비한다.

⑥ 선체방식 시스템(ICCP) 전원차단

이 시스템은 육상 Terminal에서 운용하는 방식 시스템과 상호 간섭을 일으키므로 입항중 POB 시점에서 본선의 전원을 차단하여 둔다.

⑦ 기 타

- Cargo, Ballast Hydro System 가동
- Bow Thruster 가동을 위한 전원확보(Engine Room 연락)
- H/D Compressor 가동준비, Line-Up
- Manifold Drip Tray부의 Water Drainage 및 Plug 삽입
- Manifold 사용 예정 Line의 Flange를 Bolt 2개씩 남겨두고 나머지 제거
- Manifold 부근에 Portable 소화기, Gas Detector, O_2 Meter, 방화복, 청수 및 해수 Hose 준비
- Bunkering 예정 시 Bunker Drip-Pan, Saw Dust, Waste, 모래 등을 준비한다.
- Gas Line Flange 頂部에 육상 Loading Platform에서 위치를 쉽게 확인할 수 있도록 "N"기 게양
- 접안 반대 현 Anchor는 Emergency 사용을 위하여 선적항 도착 1시간 전 수면상 2m 정도까지 내려서 긴급 Let Go가 가능하도록 준비시켜 둘 것
- 항만 규정에서 요구하는 기류(검역기, Immigration용, Pilot, 국적기, 위험물적재 표시기) 등을 사전준비, 게양시킬 것
- 육상 Gangway가 놓이는 지점에 장애물 제거
- 접안하여 선용품, 부식, Spare Parts 등 선적이 예상될 때는 관련 Crane 등을 사전에 Test하여 준비함

3) 선육 간 Link System(접안 직후)

① 선육(Ship-Shore) 간 전화선 연결

선적항 및 양하항이 각기 다른 Socket를 갖고 있으므로 해당 항구에 맞추어 연결하며 연결용 Cable 및 Plug는 육상 것을 사용한다.

〈표 2-1〉 입항 시 Checklist

DATE :	PORT :	YES	NO
공통	1. Deck Water Spray System & Emergency Fire Pump 작동준비		
	2. Dry Chemical & 고정식 Co_2 소화장치 작동준비		
	3. Cargo Hydro. System의 정상작동		
	4. Ballast Hydro. System의 정상작동		
	5. Emergency Shut Down System Test		
	6. Barrier Nitrogen System 정상작동		
	7. Gas Detection System의 정상작동		
	8. Hull Heating System의 정상작동		
	9. Cts 정상작동		
	10. Machinery/Motor Room의 Fan 정상작동		
	11. Cathodic Protection System의 Power "Off"		
	12. CACC와 Manifold, Compressor Room간 전화작동 Test		
	13. UHF 및 Walky-Talky 작동 Test		
	14. Portable CH_4, O_2, & HC Meter 충전		
	15. Deck Scupper Plugging		
	16. 각 Valve & Flange 하부 Coaming에 급수		
	17. Manifold Spare Gasket, Safety 공구 준비		
	18. Manifold 부근 Fire & 청수 Hose Portable 소화기 준비		
	19. Manifold에 "N"기 게양, Aft Mast에 "B"기 게양		
	20. 접안 반대측의 선수미에 Emergency Towing Wire 준비		
	21. 안전통로 표시 및 주의 경고판 설치		
	22. 선육간 전화선 연결 및 Test		
	23. 긴급차단 장치 연결 및 Test		
	24. Bonding Cable 연결		
	25. 선내 Air Conditioner 외부공기 차단		
	26. Water Curtain 작동		
	27. Whessoe Float Level Gauge 작동준비		
적하	1. H/D Compressor 운전준비		
	2. Cargo Tank Cool-down		
	3. N_2 Compressor 병렬 운전준비		
	4. Vapor Hdr Vent Control Valve(Vcg771) 작동 Test		
양하	1. Cargo Pump의 절연저항 Test 및 전원 On		
비고			

② 긴급 차단장치 연결

긴급 차단장치는 공기식, 전기식, Optical Fiber 방식이 있으며 공기식의 경우 Terminal마다 사용 압력이 다르므로 CACC에 있는 Select Switch를 해당 Terminal에 맞추어 두어야 한다.

③ Bonding Cable 연결

본선 Handrail 쪽 소정의 위치에 Bonding Cable을 연결한다. 그러나 현재 이 Bonding Cable의 연결에 대해서 선진국에서는 그 효용성에 대해 무용론을 들어 사용하고 있지 않지만 일부 동남아 국가에서는 사용할 것을 요구하고 있는 형편이다.

2. Loading Port 도착 전 Tank Cool-down 작업

(1) 개 요

Membrane Type LNGC는 Moss Type과 달리 매일 Cargo Tank 보냉(保冷, Keep Cool)작업을 실시하지 않고 선적항 도착 전 본선 Spray Pump를 이용하여 Cool-down을 실시하게 된다.

Ballast 항해중 Cargo Tank 온도는 주위로부터 열침입에 의해 서서히 상승하여 약 일주일 간의 항해 후 Loading Port 도착 시에는 Cargo Tank의 Top −55℃, Middle −70∼−60℃, Bottom −160∼−150℃ 정도로 온도가 상승하게 된다. 따라서 화물온도가 −160℃ 내외인 LNG를 싣기 위해서는 탱크 측벽 및 상부의 온도를 어느 온도(Average Top/Bottom Temperature : −130℃)까지 낮추어서 적하를 개시하여야 급격한 온도변화에 의한 열응력 및 초저온의 화물이 상대적으로 따뜻한 탱크 내 Wall 부와의 접촉에 의한 급격한 가스발생(BOG)을 방지할 수 있다. 따라서 과다한 BOG 발생과 열응력을 방지하기 위하여 소량의 LNG를 Spray하여 본선 ATR(Arrival Temperature Requirement)인 Top과 Bottom의 평균온도가 −130℃ 이하가 되도록 해야 한다.

이를 위하여 양하종료 시 각 탱크에 일정량의 Coolant[1]와 No.4 Tank에는

---

1) Cargo Tank Cool-down을 위해 양하 시 남겨놓은 LNG를 말하며 넓은 의미로는 Heel이라고도 한다.

Spray Pump 용량의 4시간에 해당하는 Coolant를 더 남겨두게 된다.

선적항 도착 직전 Cargo Tank Cool-down은 각 Tank Gas Dome에 설치된 Spray Nozzle을 통하여 LNG액을 Tank 내부에 분사시켜줌으로써 Cargo Tank의 온도를 낮추게 되는데 이를 Cargo Tank Cool-down이라 한다. 이 경우 Tank 내 LNG 잔량이 충분할 경우 IAS Cool-down Auto Sequence Mode에 의해 Tank Cool-down 작업을 실시하여도 되며, 다른 방법은 Manual로 Coolant 보유 탱크의 Spray Pump를 Start하여 IAS에서 각 탱크의 온도를 감시, 관련 탱크의 Spray Nozzle, Spray Pump Load 등을 수동으로 조작, 목표온도까지 낮추는 방법이 있다.

어느 경우이든 적하 전 선적항에서 요구하는 도착소요온도까지 Cargo Tank의 온도를 낮추어야 정상 적하가 가능하며 이로서 적하중 발생하는 BOG의 안전한 처리를 달성할 수 있다.

여기서 주목해야 할 사실은 동남아 구간을 항해하는 선박과 중동 항로를 취항하는 선박과의 Cargo Tank Cool-down 방식은 서로 다르다는 것이다.

1) 동남아 항로 Cargo Tank Cool-down

동남아 구간을 운항하는 Membrane 선박에서는 보통 Pilot 승선 2시간 전부터 시작하여 접안 후 Opening CTMS 전까지 대략 4시간 정도 Tank Cool-down을 실시하게 되는데 이 때 No.4 Tank의 Spray Pump를 이용하여 Cool-down을 실시한다.

2) 중동 항로 Cargo Tank Cool-down

중동 항로의 경우 동남아 항로와는 달리 평균 항해 일수가 약 13~15일로 동남아 구간을 항해하는 LNGC와 같은 Coolant 균등 배분으로 항해한다면 과도한 Coolant가 요구되고, 또 항해거리가 길어짐에 따른 Coolant 내 LNG 조성 성분변화로 선적항 도착 전 자체 Cargo Tank Cool-down이 어렵거나 불가능하게 된다. 따라서 중동 취항선은 Coolant를 One Tank에 집중시켜 보유함으로써 장기 공선항해에 따른 Coolant 자체 LNG 성분변화를 최소화시키고 선적항에서 요구하는 도착소요온도 달성이 가능하도록 "One Tank Coolant 집중방식"을 택하고 있다. 이 방식은 전 탱크에 균등 보유하던 LNG Heel을 One

Tank에 집중시킴으로써 전 탱크에서 소모되던 BOG를 최소화시킬 수 있는 이점이 있어 단일 항차 당 양하량을 극대화 할 수 있다는 장점이 있다. One Tank에 집중된 Coolant로 인하여 다른 탱크는 공선 항해중 탱크 내 온도가 상온까지 상승할 것이므로 도착 22~24시간 전 2개의 탱크씩 Pair로 하여 상온의 탱크 온도를 적정온도(−130℃)까지 냉각작업을 실시하게 된다. 이러한 방식의 문제점은 상온의 화물 탱크를 본선 보유 LNG Heel로 냉각시킬 때 대량의 BOG가 발생한다는 점에 있다. 따라서 작업중 발생하는 증발가스를 본선 보일러 처리능력 내로 유지시키기 위하여 동남아 구간 LNGC의 Tank Cool-down 방식과는 달리 4개의 탱크를 동시에 냉각작업을 실시하지 못하고 2개의 탱크씩 나누어서 Cool-down을 실시하고 작업 초기에는 분사량을 적게 하여 대량의 BOG 발생을 억제해야 한다.

(2) Cargo Tank Cool-down 절차 : 동남아 구간

1) Line Up for Cool-down(Spray No.4 Cargo Tank)

No.4 Cargo Tank Spray Pump → Del. V/V → Spray Inlet V/V → Spray Master Control V/V → Spray Outlet V/V → Spray Small Nozzle V/V → Spray Nozzle

만약 Coolant 보유 탱크 액면이 0.4m 보다 낮을 시는 선미 Trim을 2m 이상 충분히 준 후 펌프를 Start하도록 한다. 이후 Trim을 적당히 조절하면서 입항 Condition으로 만든다.

2) Line Up for Cool-down(Spray No.1, 2 & 3 Cargo Tank)

No.4 Cargo Tank Spray Pump → Del. V/V → No.4 Spray Branch V/V → Spray Header → 각 Cargo Tank Spray Branch V/V → 각 Spray Inlet V/V → 각 Spray Master V/V → 각 Spray Outlet V/V → 각 Spray Small Nozzle V/V → 각 Cargo Tank Spray Nozzle

3) Line Up for Excess BOG

각 Cargo Tank Gas V/V → Gas Header → Compressor Main Suction V/V

→ L/D Compressor Suction V/V → L/D Compressor → L/D Compressor Del. V/V → Gas Header Suction Throttle V/V → Gas Header Inlet V/V → Gas Header → Gas Header Outlet V/V → Gas Header Outlet V/V → Fuel Gas Master V/V → Boiler

4) Cargo Tank Pressure Control

Cool-down을 실시하면 대량의 BOG가 발생되므로 Cargo Tank의 압력이 상승하게 된다. 따라서 Cargo Tank 압력을 상용치 이내로 유지하기 위하여 여분의 BOG는 Boiler에서 연소시켜 Dumping하도록 한다.

5) Cargo Tank Cool-down을 위한 준비사항

① Hull Heating System을 가동한다.

② Hull과 Barrier Space의 온도감시를 위해 IAS에서 관련 화면을 감시한다.

③ 각 Barrier Space의 N_2 System이 정상적으로 작동하고 있는지 확인한다. 각 Tank Barrier Space의 압력을 Primary Space : 8mbar.G까지 미리 올려놓는다.

(3) Cargo Tank Cool-down 절차 : 중동 구간

중동 항로를 취항하는 LNGC는 Pilot 승선 20시간을 전후로 하여 실시되며 접안 후 Opening CTMS를 실시하기 전까지 수행하는 것이 일반적이다.

〈표 2-2〉 Cargo Tank Cool-down 소요시간

Cool Down No.1/No.3 Tank	10.0Hours	Total : 22Hours
LNG Shift to No.1/No.3 Tank	1.0Hour	
Cool Down No.2/No.4 Tank	10.0Hours	
LNG Shift to No.2 Tank	0.5Hour	
Keep Cool	0.5Hour	

1) 준 비

① 정확한 Pilot 승선 시각을 확인한다.

② 탱크 압력을 60mbar.G 이하가 되도록 조정한다.

③ Trim이 2.0 B/S Heeling이 “0”이 되도록 조정한다.

④ Cool-down 중 BOG 소모가 최대로 되도록 본선의 RPM을 최대가 되도록 조정한다.

2) Spray Pump Start Line Up(No.1/No.3 Tank Cool-down)

① No.1/No.3 Tank의 Spray Branch VCS 155/355 Open한다.

② VCS 751/752 Open한다.

③ No.1/No.3 Tank Spray Control VCS 154/354 Open한다.

④ No.1/No.3 Tank Spray Nozzle V/V VCS #51/#52 Open한다.

⑤ Spray Pump를 Start하여 Line Cool-down을 시작한다.

⑥ Spray Pump를 Start한다.

⑦ No.4 Tank Spray Branch VCS 455를 Open한다.

⑧ Spray Return VCS 461 Close하고 VCS 454를 천천히 최대 20% 정도 Open한다.

⑨ No.3 Tank Spray Branch VCS 355에 서리가 끼는 것을 확인하고 VCS 352 Small Nozzle V/V를 Close한다.

⑩ No.1 Tank Spray Branch VCS 155에 서리가 끼는 것을 확인하고 VCS 152 Small Nozzle V/V를 Close한다.

3) Tank Cool-down 중

① Pump Load를 95% 정도로 조정한다.

② Nozzle Inlet Press를 Spray Control V/V와 No.4 Spray Return V/V VCS 461 또는 Spray Control VCS 454를 이용하여 2~3bar.G 조정한다.

③ 각 탱크의 Cool-down 진행속도를 Spray Control V/V를 이용하여 Spray 조정하며 탱크 압력을 주의깊게 살펴보고 BOG 소모를 위해 본선의 속도를 스팀 Dumping과 더불어 증속한다.

4) No.2 및 No.4 Tank Cool-down Line Up

① Spray Pump Load를 90% 정도로 조정한다.

② No.2 Tank Spray Branch VCS 255 Open한다.

③ No.2 Tank Big Nozzle VCS 251과 No.4 Tank Small Nozzle VCS 452와 No.4 Tank Spray Return VCS 461 또는 VCS 454를 약 20% 정도 Open 한다.

④ No.1 Tank Spray Return VCS 161을 Close하여 No.2/No.4 Tank의 Cool-down을 시작한다.

⑤ No.4 Spray Return VCS 461 또는 VCS 454를 이용하여 Line/Nozzle Inlet 압력을 조정한다.
만약 No.3과 No.1 Tank Average Top/Bottom 온도가 −125℃ 이상으로 올라가면 탱크 압력을 체크하고 No.1/No.3 Tank Small Nozzle VCS 152/352 & Spray Control VCS 154/353을 Open하고 No.4 Tank Spray Return VCS 461 또는 VCS 454를 이용하여 압력을 조정한다.
또한 탱크 압력이 190mbar.G 이상이 되면 대기방출도 고려해야 한다.

5) Cool-down 종료 단계

① Cool-down은 No.2/No.4 Tank Average Top/Bottom 온도가 −130℃ 이하가 될 때까지 계속되어야 한다.

② No.2/No.4 Tank Average Top/Bottom 온도가 −130℃가 되면 No.2 Tank Spray Return VCS 256을 Open하고 각 Tank Spray Control VCS #54 Close하고 No.4 Tank Spray Return VCS 461은 Open 상태를 유지한다.

③ 이후 Cool-down 중 Snap Shot을 실시하여 No.4 Cargo Tank Liquid Level 지속적으로 체크하고 여유가 있다면 나머지 탱크로의 액 이송도 고려해야 한다.

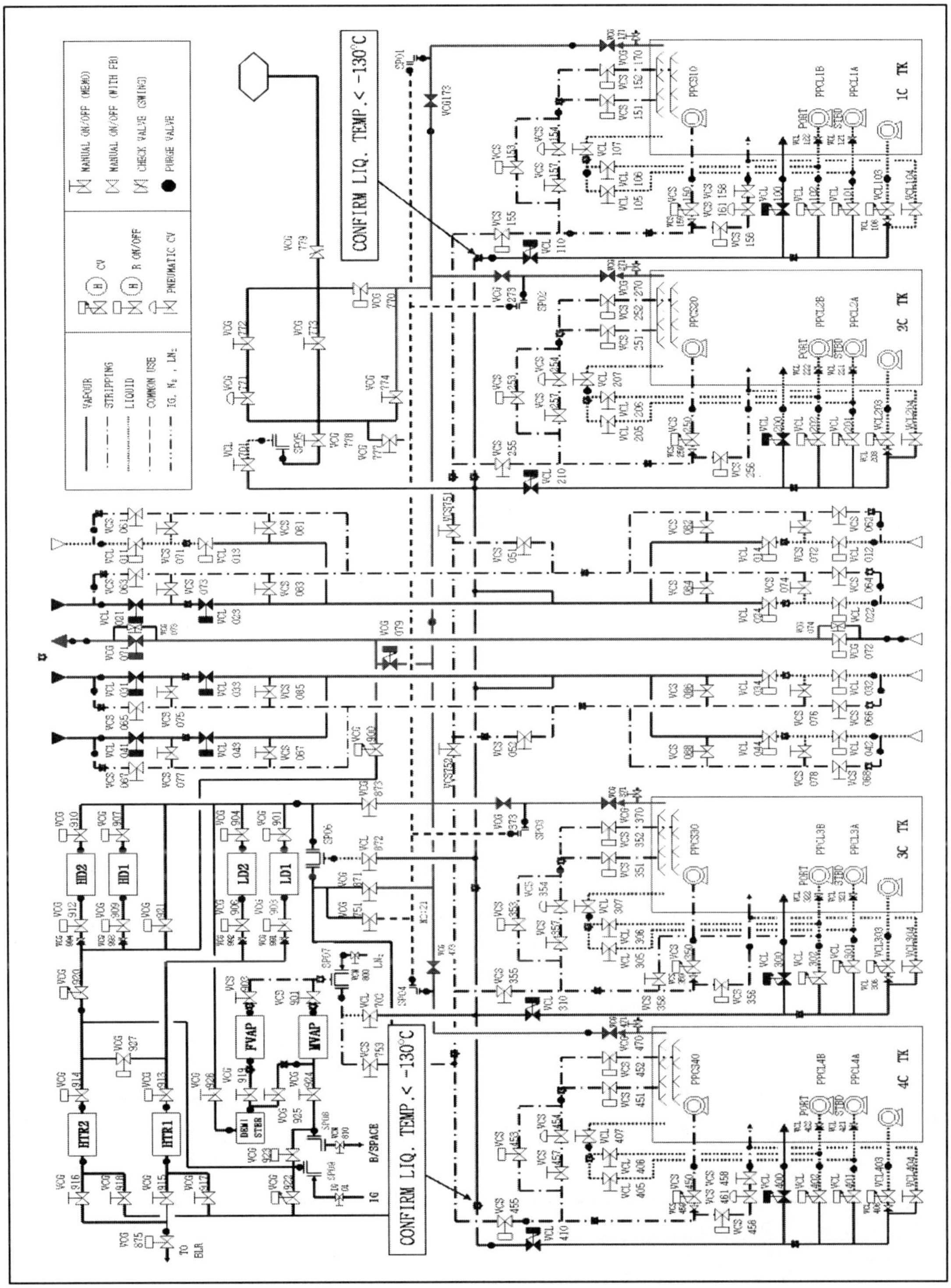

〈그림 2-1〉 Loading Arm Cool-down For OMAN

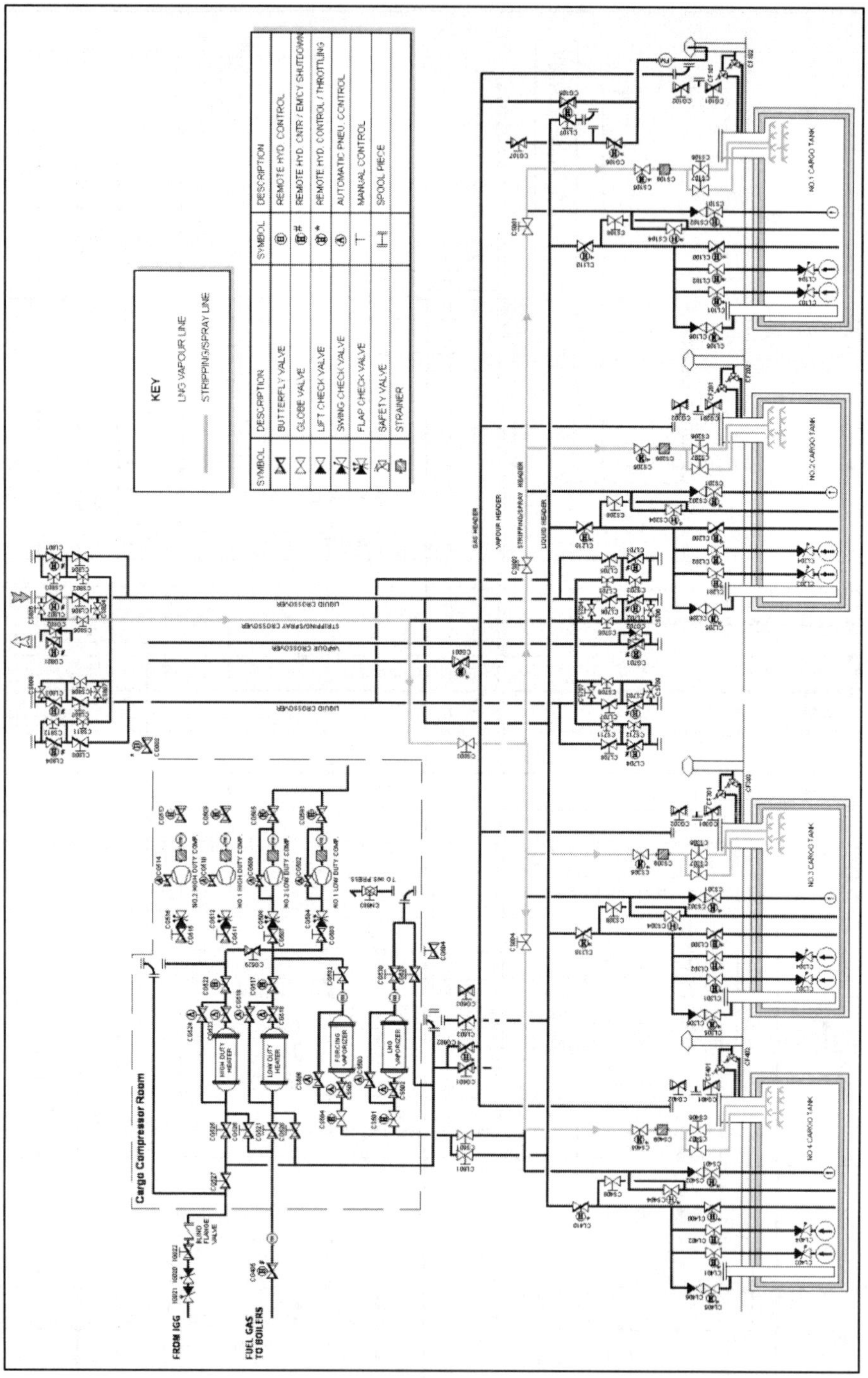

〈그림 2-2〉 Cool-down Cargo Tanks

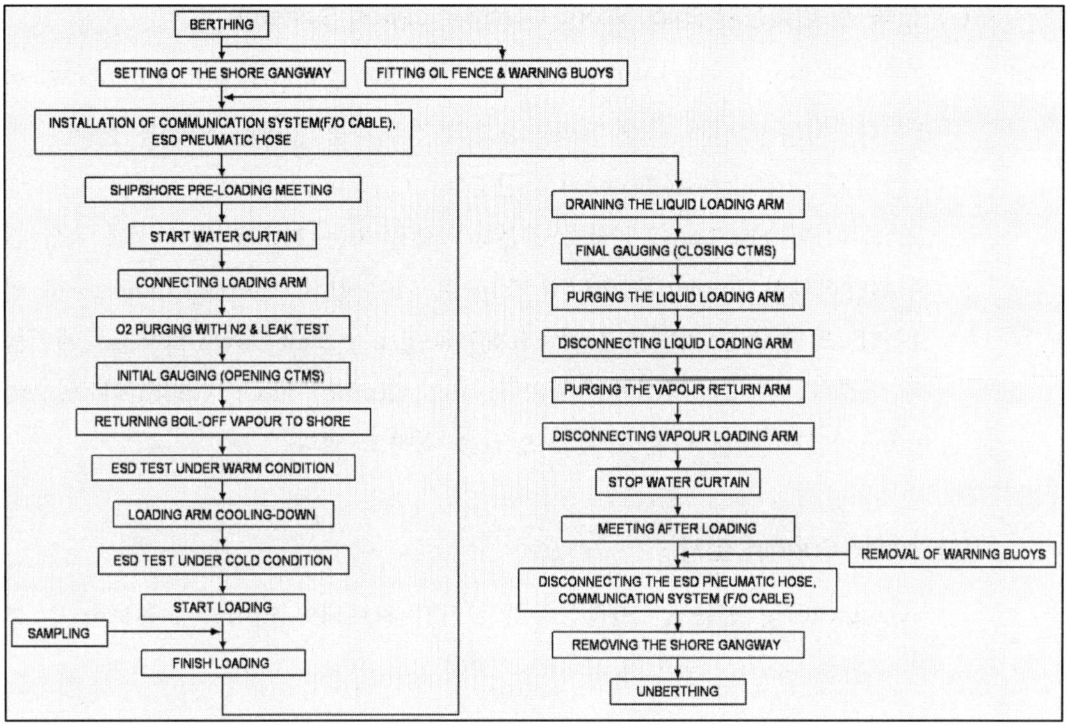

〈그림 2-3〉 LNG Loading Operation Sequence

3. 도선사 승선

도선사 승선하면 접안방법, 선회방향, Tug Boat 사용 척수 및 접안위치 등을 협의하고 도선사가 제시하는 Condition of Use에 서명한다.

접안완료 후 작업은 다음과 같다.

(1) Gangway 설치

Cable 연결작업이 종료되면 Gangway(통상적으로 육상 터미널에 설치되어 있는 것을 사용한다)를 설치하는데, 설치 전 기관실에 Steam-off 상태를 반드시 확인해야 하고 Terminal Supervisor의 지시에 따라 설치작업을 하도록 한다.

(2) 선육 간 연결장치(Ship-Shore Communication System)

선박의 접안이 완료되면 본선과 부두 사이에 접지선(Bonding Cable)을 연결한다. 이는 본선과 육상 Terminal과의 전위차를 없애는 역할을 한다.

하역 중 육상 Control Room과 본선 CACC(Centralized Administration Control Center) 간의 "Hot Line", 일반 구내전화 역할을 하는 "PABX" 및 본선과 육상 간의 일반전화인 "Public"은 하나의 Cable로 되어 있고, 선단은 Connector로 연결된다. 또한 긴급 차단용 장치 ESDS(Emergency Shut-Down System) 케이블을 연결하는데 그 방식에는 Pneumatic, Electric, Fiber Optical이 있으며 Terminal마다 각기 다른 종류의 방식을 취하고 있다.

(3) Water Curtain 실시

Gangway 및 선육 간 연결장치의 설치가 완료되면 터미널에 통보한 후 본선 G.S Pump를 기동하여 Manifold 현측으로 Water Curtain 실시한다.

(4) 선적 작업 전 Meeting

작업 전 회의에는 통상 본선에서 선장, 기관장, 가스장(수석항해사), 터미널 측에서 Supervisor, Loading Master, Surveyor 그리고 Buyer측 대표들이 참석하며 선적 작업계획의 검토, 상호통보사항, 본선과 육상과의 통신상태확인, 기상정보제공, 상호관심사항 문의 및 Ship/Shore Safety Check List 작성 및 서명을 하게 된다.

(5) Loading Arm 연결작업

회의 종료 후 상호 간에 의문사항이나 모든 사항들이 정상이라고 확인되면 Loading Arm 연결작업을 시작하게 되는데, 이 작업은 전적으로 육상측에 총책임자인 Supervisor의 지시에 의해 실시되며 본선에서는 약간의 인원을 배치하여 현장에서 작업이 안전하고 이상 없이 진행되는지를 확인한다(선사마다 다소 차이가 있는데 Manifold에 2항사 또는 Gas Engineer가 배치되어 Supervisor와 상의하고 확인하여 CACC에 보고하고 필요한 조치를 행한다).

(6) Arm Connection 준비

Loading용 Strainer(Strainer가 Loading용인지를 반드시 확인하여 Unloading Strainer를 끼우는 일이 없도록 해야 함) 및 Gasket 준비하고 Manifold Shore Connection Line의 Blank Cover를 제거한다.

(7) Arm 연결작업 순서

Vapour Line부터 순차적으로 연결하고 보통 Liquid Line은 3개를 연결한다.

(8) O_2 Purge 및 Leak Test

Loading Arm들이 연결되고 나면 연결 부위에 Purge 및 Leak Test를 실시하는데 산소농도가 1% 이하가 될 때까지 하며 Leak Test는 3~5bar(3~5 kg/cm^2)까지 라인에 압력을 주어 Leak 여부를 Soap Test로 확인한다.

(9) Opening CTMS

1) CTM 계측 실시

Loading Arm 연결이 완료되면 Opening CTMS(Custody Transfer Measurement System) 계측을 실시하여 Loading 전 본선 보유 양을 Check한다.

2) CTMS 실시 전 주의사항

- Spray Pump Stop 확인
- L/D Compressor(돌아가고 있다면) Stop 확인
- Master Fuel Gas V/V Close 확인(Gas Burning 정지)
- Flow Meter 눈금을 기록

(10) CTMS 실시 통보

CTMS 실시 전 본선에서는 관계자들(Terminal측 Loading Master, Buyer측 대표, Surveyor 및 본선 선장)에게 통보하여 실시 예정임을 알려 동의를 구한

후 Cargo No., Voyage No. 등 입력사항 등이 올바른지 여부를 다시 한 번 확인한 후에 이상이 없을 시 CTMS를 실시한다.

1) CTMS의 중요성

Opening CTMS는 본선이 보유하고 있는 LNG 잔량, 탱크 압력 및 온도(Liquid 및 Vapor) 등의 자료가 계측되어 기록되고 이를 바탕으로 Loading 완료 후 실시하는 Closing CTMS의 계측량에서 뺀 값이 본선 B/L(Bill of Lading)량이 되므로 매우 중요하다.

2) 탱크 압력해소 및 Gas Burning 재개

Opening CTMS 종료하면 본선 Cargo Tank의 압력해소를 위해 BOG Line의 Gas Master Valve 및 Manifold의 Vapor Valve를 Open하여 육상의 Flare Stake로 보내 탱크의 Vapor를 연소시킨다.

(11) 긴급 차단장치 작동검사

긴급 차단장치 작동검사(ESD Test)는 LNG Loading 작업중 사고 혹은 비상사태가 발생하여 즉각적으로 선적을 중단하고자 할 때를 대비하여 이 장치의 정상작동 여부를 확인하는 것으로 Hot 및 Cold Test의 두 종류가 있으며 터미널 규칙과 본선과의 합의에 따른 여러 가지 방법으로 실시하고 있다. Opening CTMS가 끝나면 LNG Loading을 위한 전 단계로 육상 Loading Arm Cool-down 작업을 실시한다.

1) ESD Test 준비

본선 ESD Valve를 Open하고 육상관계자에게 Trip Test 준비가 완료되었음을 통보한다.

2) ESD Test 실시

- 본선 CACC에서 작동을 시킬 경우 가스장(수석항해사)이 Count를 하면서 육상의 터미널 관계자에게도 동시에 Five! Four! Three! Two! One! Trip! 순서를 알린다. 육상에서 실시할 경우에는 똑같은 방법으로 본선 CACC에

있는 사람들이 들을 수 있도록 워키토키(Walki-Talki)를 통해 반복한다.

- Trip 구령 후 실제로 ESD가 작동되면(Manifold에 있는 ESD Valve가 Close된다) 밸브가 Close되는 시점을 CACC에 통보하여 Valve Close Time을 기록할 수 있도록 한다.
- Pneumatic ESD Test의 경우 추가로 공기압력의 하락시점을 Manifold 당직자는 CACC에 보고한다.

(12) ESD Test 종료

ESD Test가 정상적으로 완료되면 상호 합의하에 종료를 선언하고 Loading Arm Cool-down 준비를 위한 Line Up을 실시한다.

(13) Loading Arm Cool-down

Loading Arm Cool-down은 육상 탱크의 소용량 펌프를 가동하여 소량의 LNG를 Arm을 통해 본선 탱크로 보내면서 육상 Loading Arm 및 본선의 Liquid Arm을 냉각하는 작업이다. 이 때 본선에서는 본선 Liquid Header가 고르게 냉각이 되도록 탱크별 Filling V/V를 적당히 조절하고 또한 선박의 Trim을 Even Keel이 되도록 LNG가 어느 한 쪽으로 쏠리는 현상을 방지해야 한다.

1) Loading Arm Cool-down Lino Up

본선 ESD V/V(VCL 011, 021, 031, 041, VCG 071) → Liquid Cross V/V(VCL 013, 023, 033, 043) → Liquid Header → Liquid Branch V/V(VCL 110, 210, 310, 410) → 각 Tank Filling V/V(VCL 100, 200, 300, 400)

2) Loading Arm Cool-down Start

Cool-down에 사용하는 LNG는 육상에서 제공하며 Terminal의 Circulation Pump를 사용하며 육상에서 LNG가 들어오기 시작하면 본선당직자는 본선과 연결된 부위 등에서 Leak 등 이상여부를 점검하여 CACC에 정기적으로 보고한다.

3) Loading Arm Cool-down 종료

전 Loading Arm에 서리가 완전히 낄 때까지 실시하며 Liquid Header FWD, AFT 온도 Sensor가 −130℃ 이하가 되도록 하며 항구마다 다르지만 오만의 Qalhat항의 경우 90분 정도 소요된다.

(14) LNG Loading

LNG Loading을 위한 Line Up과 승조원 배치가 완료되면 Loading Master에게 본선의 선적준비가 완료됨을 통보한다.

1) LNG Loading Line Up

Loading Arm Cool-down시와 동일하게 Line Up을 유지하고 Filling V/V를 Full Open한다.

2) LNG Loading Start 및 배치

- 본선 Line Up 완료되면 Loading Master에게 준비 완료를 통보하고 1st Cargo Pump Start를 요구한다.
- 1st Cargo Pump가 Start되면 본선 승조원에게 알리고 Manifold 온도, 압력 Liquid Header 온도변화 및 각 탱크로 액이 들어오는지 여부를 확인하여 보고하도록 한다.
- Loading이 시작되면 BOG 발생이 증가하므로 미리 High Duty Compressor를 준비하고 가스장은 육상에 H/D 기동을 통보하고 H/D를 기동하며 Gas Engineer는 Motor Room에서 H/D가 정상 작동하는지 확인해야 한다.
- 1st Cargo Pump Start 10분 후 본선 주위에 LNG 누출 등 이상이 없으면 Terminal에 2nd Cargo Pump Start를 요청한다.
- 전 Cargo Pump가 Start되어 Full Rate에 도달하고 특기할 만한 이상이 발견되지 않으면 배치를 해제하고 정상당직에 임하도록 한다.

3) LNG Loading 중 주의사항

- Manifold 및 Deck 당직자는 지속적으로 순찰을 실시하여 정기적으로 이

상 유무를 보고하여야 하며, 특히 Manifold 당직자의 경우, 매시간 Loading 및 Vapor line의 압력을 정확하게 CACC로 보고하여야 한다.

- 당직사관은 매시간 Loading Quantity and Loading Rate를 정확하게 기록하고 탱크압력, Manifold 압력 등에 주의하고 전 탱크의 Topping-off가 비슷하게 되도록 Filling Valve 개도를 조정한다.
- Loading 작업이 정상적으로 이뤄지고 여건이 충족되면 De-ballasting 작업을 실시하도록 하며 이 작업은 Topping-off 시작 전에 끝내도록 한다.

4) Topping-off(Rate Down) 작업

- 액체화물 선적은 주로 Cargo Tank에 하게 되는데 통상적으로 탱크용량의 97~98%까지 화물을 선적한다. 이럴 경우 실수하거나 잘못하여 밸브조작 잘못이나 기타 Terminal과의 통신오해 등의 원인으로 문제가 발생하면 Overflow(넘침)가 발생하게 되는데 이 결과는 선박으로서는 치명적이므로 절대적으로 피해야 한다. 특히 LNG의 경우, Overflow가 발생한다는 것은 상상할 수 없는 일이므로 탱크의 마지막 부분에 LNG를 Loading하는 이러한 Topping-off 작업은 더욱 더 중요하고 주의를 기울여야 할 작업이다. 상기 작업은 하역종료 1시간 전에 실시한다.
- 육상에 연락, Loading Rate를 탱크 수에 맞추어 감소시킨다.
- 선적량은 통상 화물 탱크 용적의 98.3%~98.5% 정도이므로 적하 종료시점에서는 선체 Up-right, No Trim 상태를 유지하는 것이 중요하다
- Topping Off에 가까워지면 자주 H/D Compressor를 Check하여 Vapor Flow Rate가 감소되는지 확인한다.
- Surge Control Valve가 열리기 전 Rate가 감소되면 한 대의 H/D Compressor를 Stop시킨다.
- 각 Tank Filling Valve 조절 및 탱크 수에 따른 Loading Rate Down은 적의 실시한다.
- 가능한 제일 큰 탱크(No.2 또는 No.3)가 마지막 Topping Off가 되도록 조절함이 좋다. 마지막 탱크의 Filling Valve는 반드시 Open 상태로 유지하여야 한다.

- 마지막 탱크의 액 Level이 소정의 Level에 달하면 하역 중지를 명한다. 육상의 허락을 얻어 Manifold ESD Valve를 Close한다.
- H/D Compressor는 Liquid ESD Valve가 Close된 후 Line Drainage 동안 운전할 수도 있다. H/D Compressor가 중지되면 Vapor Return Valve VCG 900을 Close하고 Gas Burning을 중지한다(Gas Burning은 H/D Compressor 중지 전 반드시 종료시킨다).
- 全 Loading 기간 중 Insulation Space의 압력, 차압, 그리고 Secondary Barrier, Cofferdam, Trunk Deck의 온도를 감시한다. 또한 Glycol Water System (Heating Control), N_2 System(Press Control) 화면도 자주 불러서 System의 정상 작동도 확인하여야 한다.
- ESD Override Push Button을 눌러 ESD기능을 정지시킨다.

5) Topping-off Start 통보 및 배치

가스장(수석항해사)은 Topping-off 시작 10분전에 Terminal에게 통보(Notice)하고 본선 승조원에게도 작업을 알리고 배치를 지시한다.

6) Topping-off Start

Terminal과 본선 승조원에게 Topping-off Start를 알리고 Loading Master에게 Cargo Pump 1대 Stop하도록 요청한다. 위의 사실을 본선 승조원에게도 알려준다(Walki-Talki를 통해).

7) Valve Test

매 항차 1탱크씩 Filling Valve Auto Close Test를 실시하여 4항차 만에 전 Cargo Tank Filling Valve의 Auto Close 여부를 확인해야 하는데 요령은 다음과 같다. 원래 Sequence상에는 안전을 확보하기 위해 99% Loading시 자동적으로 Filling Valve가 Close되도록 되어 있으며, 이의 작동 여부를 확인하는 절차로 혹시 이 기능이 제대로 작동되지 않을 경우를 대비하여 Filling 밸브는 30% 정도 Open된 상태에서 99% Loading에서 자동으로 밸브가 닫히는지를 확인한다. 밸브를 Crack Open하는 이유는 작동이 되지 않을 경우를 대비한 것으로 수동으로 신속하게 Close할 수 있도록 하기 위해서이다.

(15) Loading Arm Drain 작업

Loading 작업이 종료되면 Loading Arm 및 본선 Liquid Line상의 LNG는 육상 Loading Arm에서 N_2 Gas로 3kg/cm^2 이상 가압, 본선 탱크에 Drain시켜야 한다. Line Drainage 작업이 끝나면 Line Purge를 실시하여야 한다.

1) Liquid Drainage의 확인사항

- 한 탱크의 Filling Valve가 Open되어 있는지 확인한다.
- Manifold Liquid ESD Valve Open 확인한다.
- Manifold Double Shut Valve Close 확인한다.

2) 잔액 제거

육상에 연락, 본선 준비완료를 통보하고 Arm에 N_2 가압을 요청한다.

- Arm 내 N_2압력이 5kg/cmG에 달한다.
- Manifold 현장에서 Manual Valve VCS 06#를 급속히 열어서 Arm과 ESD Valve 사이의 잔액이 Arm → VCS 06# → VCS 08# → Liquid Header→ Cargo Tank Filling Valve로 하여 Drain 되도록 조작한다.
- 이 작업은 Line당 2회 이상 실시하여야 한다.
- 마지막으로 VCS 06#이 Close된 후 Drain Valve를 Crack Open하여 Arm과 ESD Valve 간의 잔액 유무를 Check하고, 잔액이 없으면 다음 Line의 Drainage하고 잔액이 없을 때까지 반복한다.
- 잔액이 완전 제거되면 ESD V/V Close, Double Shut V/V Open하고 N_2로써 Line 내 화물가스를 완전 Purge시킨다(가스농도 1% 이하).

3) Vapor Return 종료 및 Line Purge

- Vapor Return이 종료되면 Vapor ESD Valve VCG 071, VCG 900 Close한다.
- VCG 079 Open
- Arm과 Vapor ESD Valve간을 N_2로 가압, 5kg/cm^{2}G 정도되면 Manifold Vapor Bypass Valve를 급속 Open하여 Arm과 ESD Valve 간의 NG Gas를 Purge한다.
- Vapor Connection의 Purge Cock에서 CH_4 〈 1% 이하임을 확인한다.

(16) Loading Arm 분리작업

Drain 작업이 완료하면 곧바로 Loading Arm 분리작업을 실시하도록 하는데 주의할 점은 Line 내부에 Gas Pocket이 형성되어 있을 가능성도 남아있으므로 작업중 Spark가 발생하지 않도록 주의해야 하는 점이다.

(17) Closing CTMS

Arm이 분리되고 모든 작업이 종료하면 Closing CTMS을 실시하도록 하는데 요령은 Opening CTMS와 동일하다.

(18) 서류작업

Loading 작업이 종료하면 하역관계자와 대리점 등과 회의를 갖고 서류작업을 마무리 하도록 한다. 특히 LNGC의 경우는 Cargo 관련 중요서류를 본선에서 작성 배포하는 관계로 작성 시 오기 등이 발생하지 않도록 서류작성자(주로 3등항해사) 및 가스장(수항사)은 주의를 해야 한다.

본선에서 준비해야 할 서류는 다음과 같다.

- B/L(Bill of Lading)
- Non-Negotiable Cargo Manifest
- Non-Negotiable Cargo Receipt
- CTMS Sheet
- Notice of Readiness
- Port Log
- Empty Bottle Receipt
  Statement Cool-down and Cooling Time(Initial Cool-down시)
- Report of Cargo Tank Temperature
- Custody Transfer Data(Before Loading)
- Custody Transfer Data(After Loading)
- Certificate of Loading

(19) 출 항

1) 출항준비

- Arm 분리, 격납(Arm 완전 분리 후 Eng. RM 통보)
- Blind Flange 설치
- Manifold 부근의 Fire Hose, 청수 Hose, 안전공구, Strainer, 소화기 등 격납
- CACC에서 ESD System Blocking
- ESDS System 분리
- 전화선 및 Bonding Cable 분리
- Deck상 Lay-out된 Dry Chemical Hose, Fire Hose 등 철거(출항 후)
- 선수미 Fire Wire 격납(출항 후)
- 기관실에 ETD 통보 및 Arm 분리 후 Reduction Gear 분리, Warm-up 실시요청
- IAS상 Liquid/Spray/Vapor Valve 재점검, 특히 Barrier N_2 System 및 Hull Heating System이 정상 작동중인가를 확인할 것
- Loading Computer에 의해 출항 Condition을 Print하여 기록을 남길 것
- CACC는 출항 후 선교에서 감시가 가능할 때까지 담당자가 계속 위치하여 최종점검 및 감시를 실시하여야 한다.
- 출항하면 본선의 Cathodic Protection System의 전원을 "ON"으로 하여 정상 가동시킨다.

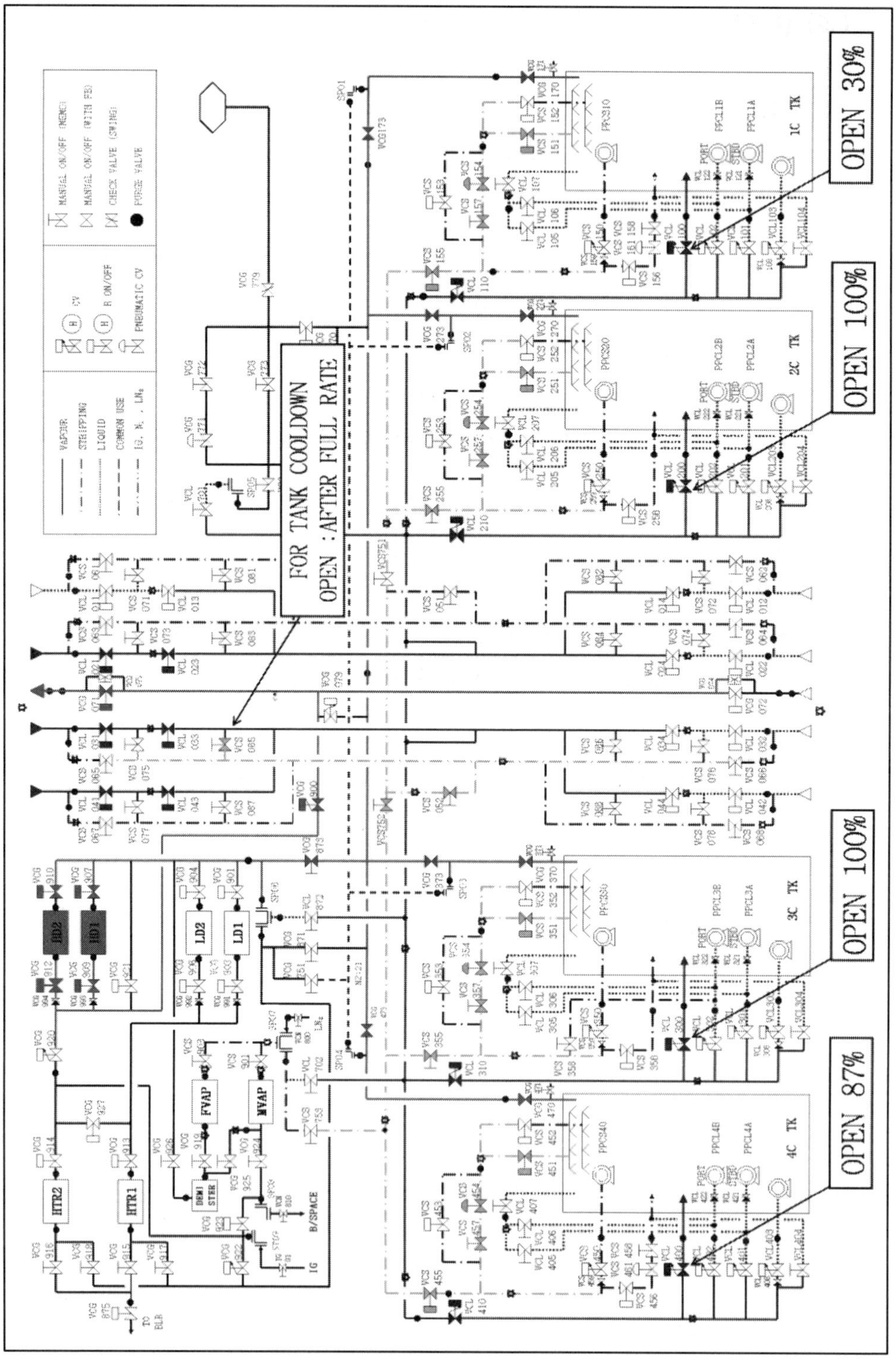

〈그림 2-4〉 Full Rate Loading Condition

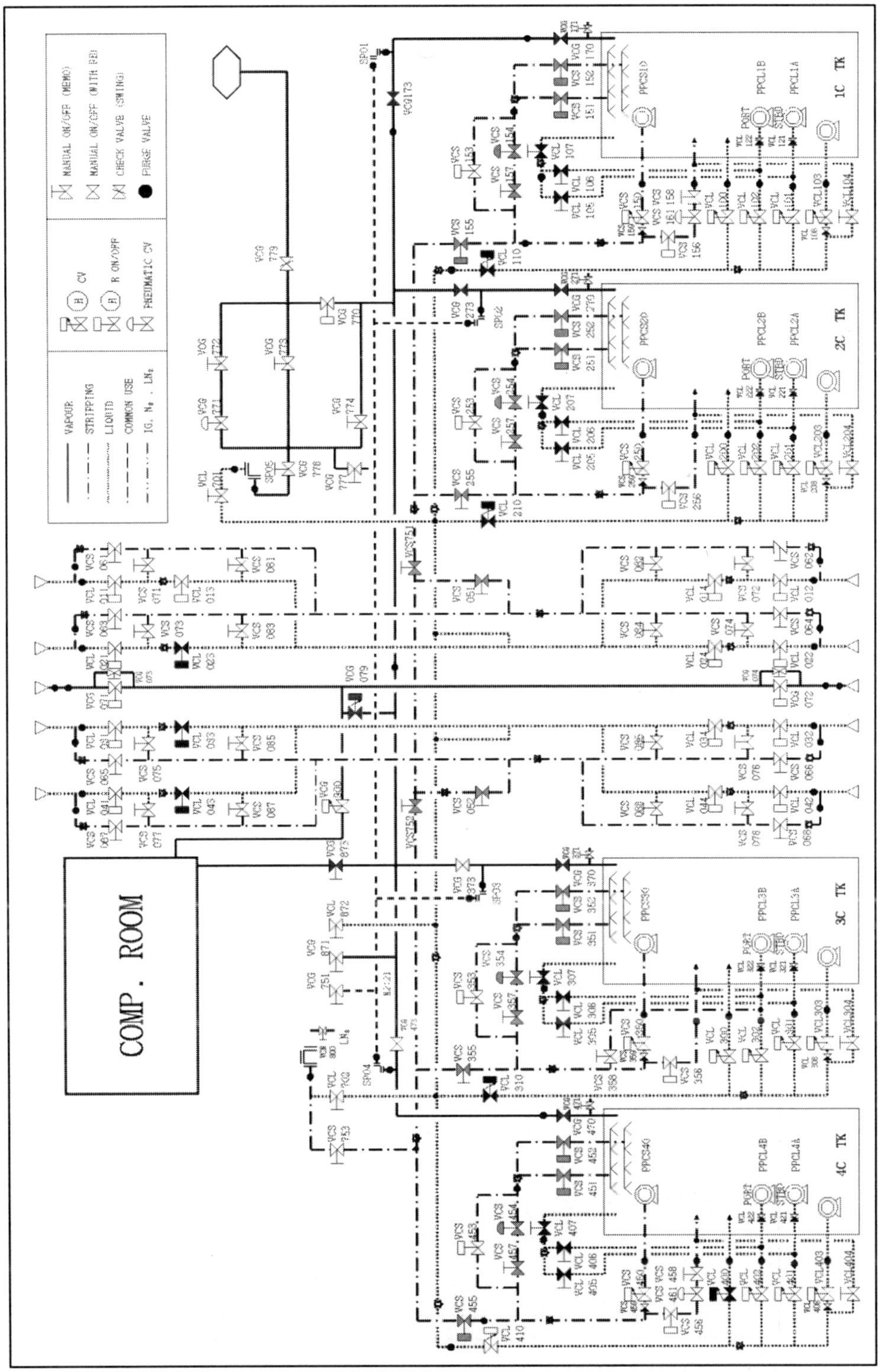

〈그림 2-5〉 Normal Valve Position During Laden Voyage

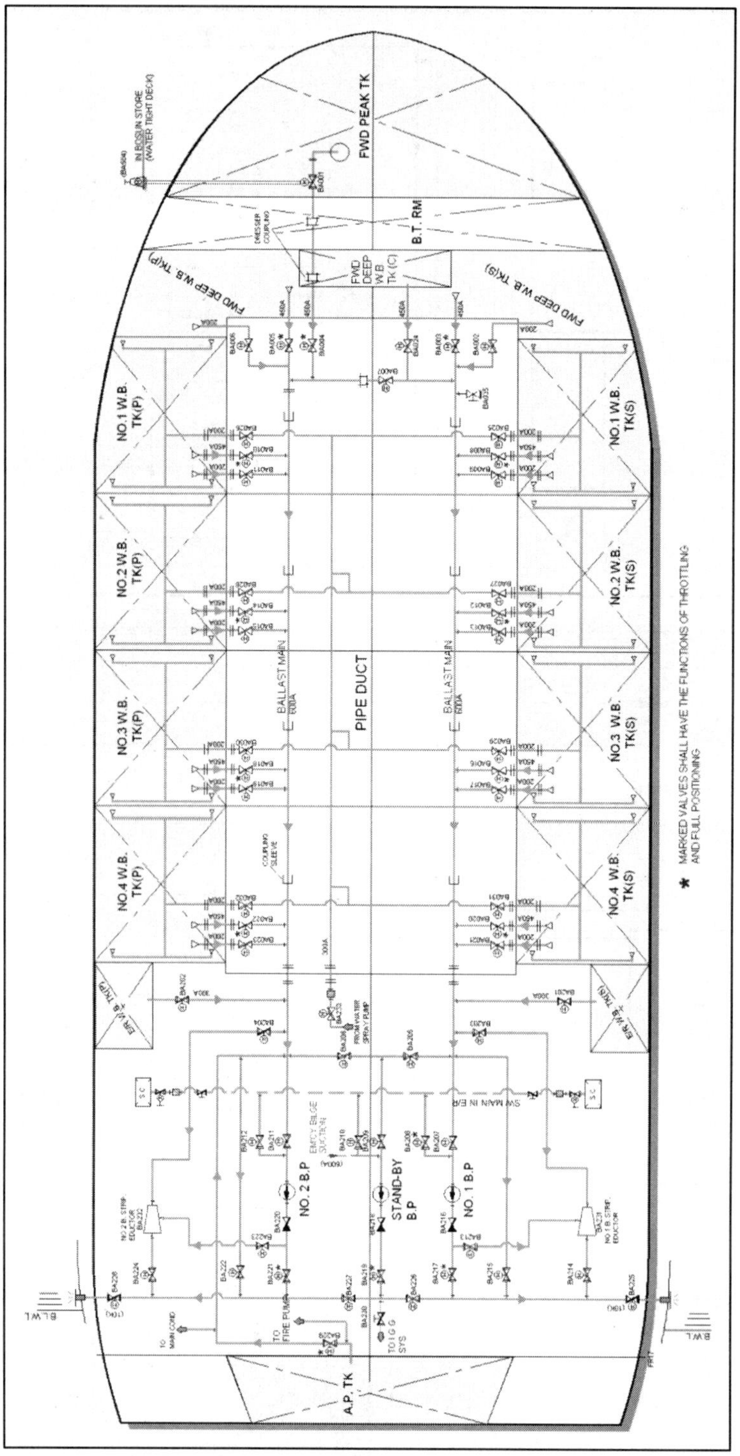

〈그림 2-6〉 Deballasting

02 LNG Unloading

LNG 양하는 적하와 반대의 개념으로 본선 Cargo Tank에 선적된 LNG를 육상으로 보내고 육상 터미널로부터는 Vapor를 받아 탱크 압력을 유지하는 작업으로 Loading 시와 거의 유사한 과정으로 다만 Cargo Pump를 기동하여 LNG를 육상으로 보내는 주체가 본선 설비라는 것이 다른 점이다. Loading 준비와 마찬가지로 하역을 위한 사전 준비작업으로는 입항 3일전부터 실시하는 각종 하역관련기기의 정상작동여부의 테스트 및 승조원 교육 등을 포함한 하역작업에 관련된 모든 장비의 준비가 정상적으로 작동되고 있는지 여부를 확인하고 점검되어야 할 것이다. 특히 하역작업의 핵심장비인 Cargo Pump의 정상작동상태의 점검은 반드시 실시하여야 한다.

1. Unloading Port와 통신 및 입항 전 점검

(1) 입항 전 통보

입항 96, 48, 24, 12 시간 전 Terminal과 기타 관련기관에 본선 ETA를 통보하여 본선 일정을 보고하고 본선 작업일정 등의 사항들을 문의한다.

(2) 본선 접안 Schedule 확정

Terminal로부터 본선일정을 통보받으면 접안일정에 따라 본선에서는 접안작업에 관한 세부사항을 결정하고 접안준비를 한다.

(3) 입항 전 점검

1) Discharging Port 도착 24시간 전

입항 24시간 이내 주간에 Cargo 및 Machinery System, ESDS System, Fire Fighting System 등의 원활한 작동을 입항 전에 점검하여야 한다.

① Fire Main 및 Deck Water Spray System

- Fire Pump, Emergency Fire Pump, Water Spray Pump의 가동 및 수압 Test
- Pipe 내부가 녹 등에 의하여 Spray Nozzle 등이 자주 막히므로 Test시 점검 및 청소

② Dry Chemical Fire Monitors

- N_2 Cylinder가 완전히 Charging 유무
- Dry Chemical 용기 Full Charging 유무
- Pilot Cylinder의 정위치
- Monitor는 원활히 작동하고 있으며 Hose Reel 이상 유무

③ Cargo/Ballast Hydro System

- Hydro System Check
- Filling, Delivery, Manifold ESD, VCG 079 Vapor, Tank Branch Valves 등은 직접 On-Off를 확인하여야 한다.

④ Emergency Shut-down System

- Test 전 기관실 연락, Gas Burning System Trip 통보
- Manifold ESD Valve(Liquid/Vappor 사용 예정 Valve) Open
- 선교 또는 CACC에서 ESD Manual Push Button을 눌러 ESD 작동
- Manifold ESD Valve Close 상태, 소요시간, L/D Compressor., Gas Master Valve Close/Trip 상태 Check
- Reset ESD System

⑤ Main Vaporizer

- 양하항에서 하역중 육상으로부터 Vapor Return이 중지되거나 불가할 시 액면강하에 따른 압력저하를 방지하기 위하여 양하용 LNG의 일부를 기화시켜 탱크 압력을 유지한다.
- 그러나 통상 양하항에서 양하중 Return Gas 공급이 불가할 시 본선으로 연락이 올 것이며 이 경우 Vaporizer를 필히 준비하여야 하나 정상

적인 경우 미리 Vaporizer를 Warm-Up 준비를 시켜둘 필요성은 없다.

⑥ Insulation Space 온도/압력

Tank/Insulation Space 온도 및 압력감시 System을 확인한다. Remote 온도/압력 값은 IAS와 현장과의 차이를 주기적으로 Check한다.

⑦ Hull Heating System

- Glycol Water Heating System의 Check. Cofferdam, Liquid Dome의 온도 및 전기 Heater의 작동상태, Glycol Water 순환 펌프의 운전상태 등을 확인한다.
- 동계 대기온도 및 해수온도가 낮을 때는 Inner Hull 온도하강이 예상외로 크므로 Hull Heating System은 미리 고용량의 Steam Heater로 바꾸어 둔다. 특히 Cofferdam 및 Liquid Dome Pipe Passage의 온도하강이 크며 Trunk Deck 전반부의 온도하강도 예상외로 크므로 주의를 요하며 Heating Setting 값을 미리 상승시켜두어 많은 열량이 공급되도록 주의한다.

⑧ Gas Detection System

System의 원활한 작동 및 방열구획의 Gas 농도, 기관실 Boiler Hood의 Gas 존재여부, Drain Cooler Tank Gas 농도 기타 주요 부위의 가스 농도 및 정상 Condition임을 확인한다.

⑨ Custody Transfer System

정상작동임을 확인하기 위하여 가상 데이터를 입력, 출력시켜 본다. 적하·양하량 산출 시 계약사항이므로 이상이 있을 시는 선장에게 보고, 회사 및 용선자에게 통보가 되도록 조처한다.

⑩ Cargo Pump/Spray Pump

각 Cargo/Spray Pump의 Megger Test를 실시, 기록해둔다.

⑪ Safety Equipment

- Protective Clothing Check

- Breathing Apparatus 준비, 점검
- Portable Gas Detector/O_2 Meter 충전 및 Test
- Manifold용 Strainer 점검(Portable 사용 시 : 60MESH)
- Hose 연결용 Gasket 및 안전 공구준비

2) Discharging Port 도착 2시간 전

① Fire Main 가압

Berth 도착 2시간 전 Jockey Pump 가동, Fire Main Line을 가압시켜둔다.

② Fire Hose, Dry Chemical Hose Lay-out

Fire Hose 및 Dry Chemical Hose는 즉시 사용할 수 있도록 각 Tank Liquid Dome 또는 Gas Dome쪽에, Manifold 부근은 Manifold Hose 연결 부위에 오도록 Lay-out시켜 둔다(입항준비 작업 시).

③ Mooring Line Lay/out

Discharging Port Mooring Arrangement 참조, 주 접안방향이 우현이므로 우현 쪽에 선수 2Head, 4Breast, 2Spring 및 선미 쪽에 2Stern, 4Breast, 2Spring Line을 Lay/out하여 준비시켜 둔다. Lay/out 중 Mooring Winch Test, Hydro-system 점검, Tail Rope Condition, Winch/Windlass Greasing을 실시하여야 한다.

④ Emergency Fire Wire 준비

접안 반대현 선수미에 Fire Hose를 Lay/out, 접안이 끝나면 항만규정대로 수면상에 내려둔다.

⑤ Deck상 Scupper 실시

항만규정에 따라 입항시 반드시 Scupper(木栓)를 실시한다. 선미 쪽 양현 한 개씩은 우천시에 대비, 물을 뺄 수 있도록 Oil Catcher를 끼워서 준비한다.

⑥ Heeling/Trim 조절

접안 직후 1등항해사는 Trim 및 Heeling을 가능한 조절하여 화물계측 시

편리를 도모한다(* Heel=Zero, * Trim=Zero 혹은 0.5M B/S 이내).

⑦ 선체방식시스템(ICCP) 전원차단

⑧ 기 타

- Cargo, Ballast Hydro. System을 Main으로 가동한다.
- Bow Thruster용 전원을 확보(기관실 통보 및 Test)한다.
- Manifold Drip Tray의 Water Drainage 및 Plug를 삽입한다.
- Manifold 사용 예정 Line의 Flange를 Bolt 2개씩 남겨두고 나머지는 미리 풀어둔다.
- Manifold 부근 Portable 소화기, Gas Detector, O_2 Meter, Protective Suits, 청수 및 해수 Hose를 준비한다.
- Bunkering 예정이 있으면 Drip-Pan(Drum통), Saw Dust, Waste, Flange용 Gasket 등을 준비한다.
- Manifold Gas Line 위에 육상 Loading Platform에서 위치확인이 쉽도록 "N"기를 게양한다.
- 접안 반대 현 Anchor는 Emergency 사용을 위하여 Wire Stopper를 풀어두어서 긴급 Let Go가 가능하도록 준비시켜 둔다.
- 항만 규정에서 요구하는 기류(검역기, PILOT기, 위험물 적재기) 등을 게양한다.
- 육상 Gangway가 놓이는 지점에 장애물을 제거한다.
- 접안하여 선용품, 부식, Spare Part 등 선적이 예상되는 경우 Crane 전원입력, 사전 Test 등이 필요하다.
- 최종 Cargo Pump Megger를 측정, 기록을 남긴다.

〈표 2-3〉 출항 시 Checklist

	DATE : PORT :	YES	NO
공통	1. Line Drainage 및 Vapour Purge		
	2. Chicksan Arm 분리 및 & Manifold 각 Line 맹판 취부		
	3. Water Curtain 정지		
	4. Trim, Heeling 조절		
	5. Fire Hose, 청수 Hose 격납 & Dry Chemical Hose 격납		
	6. Barrier Nitrogen System 정상작동		
	7. Gas Detection System의 정상작동		
	8. Machinery/Motor Room의 Fan 정상작동		
	9. Cathodic Protection System의 Power "On"		
	10. 전화선, Bonding Cable의 분리		
	11. 긴급 차단장치의 분리		
	12. 접안 반대 측 선수미의 Emergency Towing Wire 격납		
	13. Cargo Line 재점검		
	14. L/D Compressor 작동준비		
	15. Warm Up & Boil Off Heater 작동준비		
	16. Whessoe Float Level Gauge 격납		
적하	1. Deballasting은 예정대로 되었는가?		
	2. CACC에서 ESD System의 Blocking		
	3. Hull Heating System의 정상작동 확인		
양하	1. Ballasting은 예정대로 되었는가?		
	2. Cargo Pump 전원 Off		
비고			

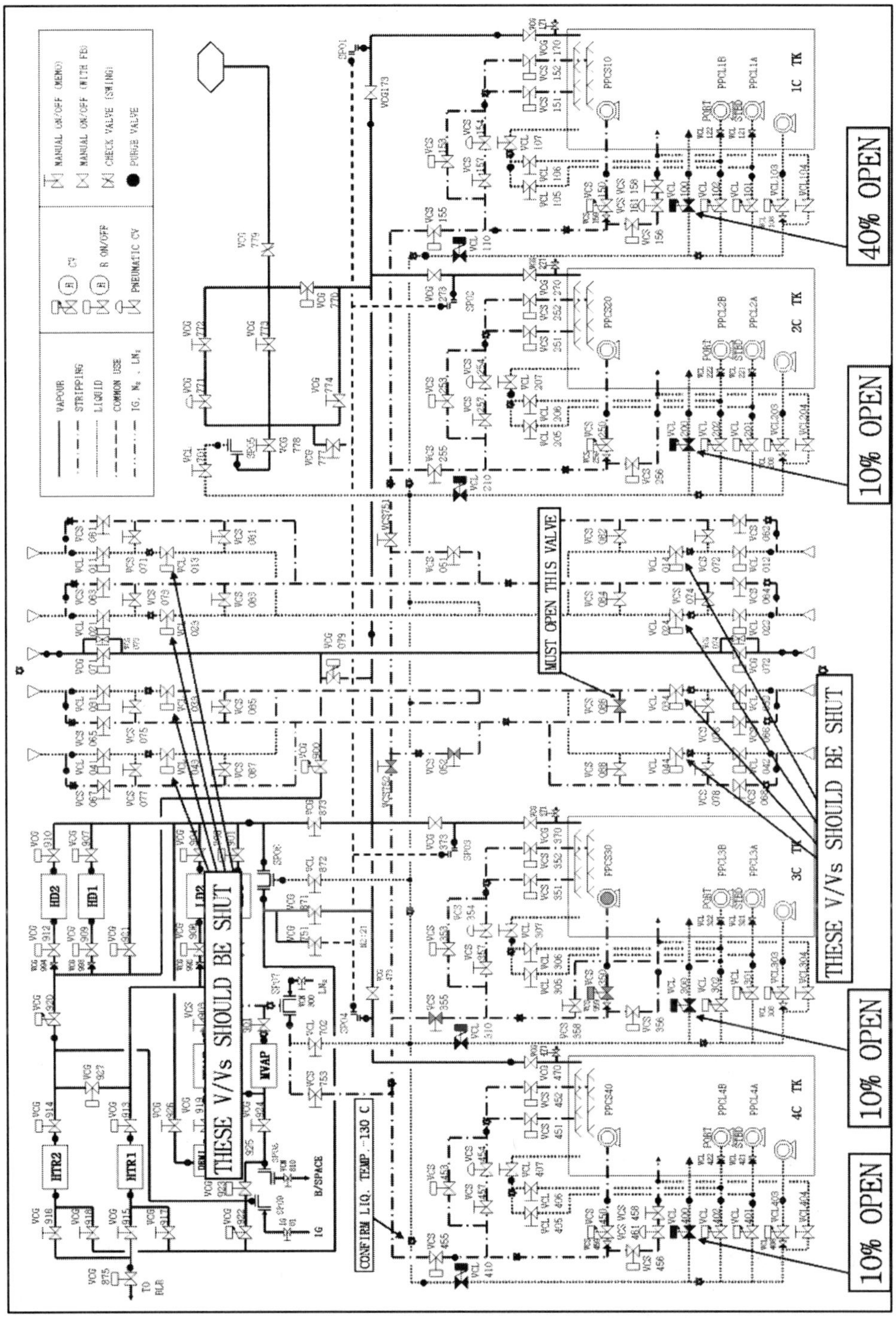

〈그림 2-7〉 Line Cool-down Before Entering Disport

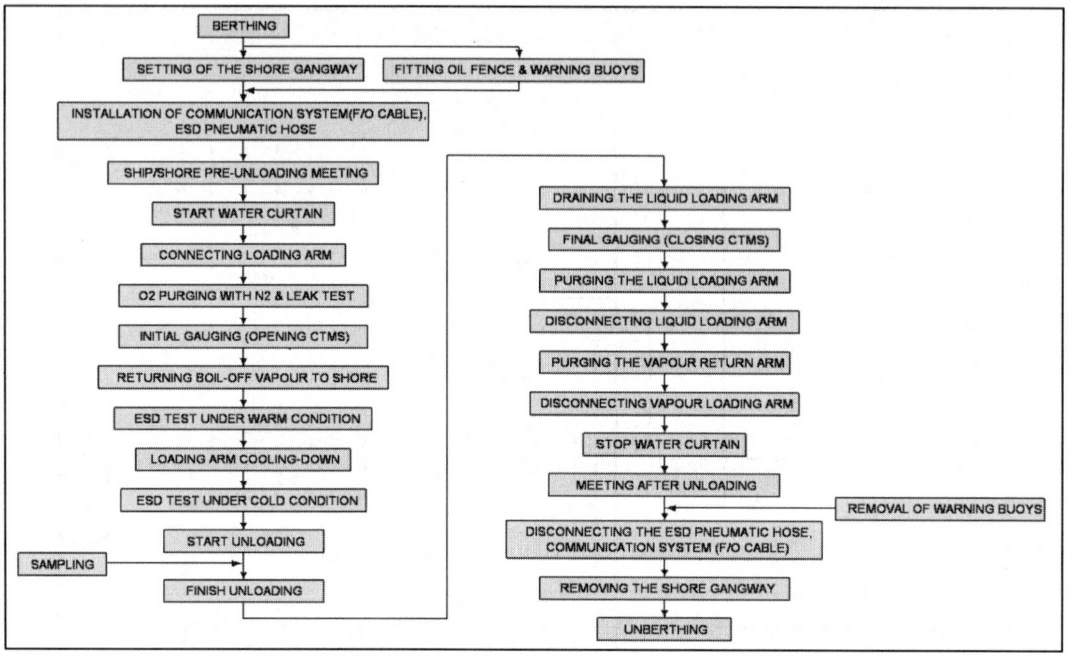

〈그림 2-8〉 LNG Unloading Operation Sequence

2. 접안작업

도선사 승선하면 항만사정(우리나라 터미널인 인천 및 평택항은 하절기의 안개와 동절기의 악천후로 유명하며, 외국의 LNG 선장들에게는 이들 항구들이 Devil Port로 불리고 있는데, 즉 LNG Terminal 가운데 조건이 아주 열악한 항구에 속한다고 알려져 있다), 접안방법, 선회방향, Tug Boat 사용 척수 및 접안위치 등을 협의하고 NOR(Notice Of Readiness) 서명을 받는다.

3. 접안완료 후 작업

(1) Gangway 설치

Loading Port의 방법과 같다.

(2) Bonding Cable 연결작업

작업방법은 Loading Port의 방법과 동일하다.

(3) Water Curtain 실시

Loading Port의 방법과 같다.

(4) 양하작업 전 회의

Unloading Port의 하역회의는 본선의 하역 장비로(본선 Cargo Pump를 사용) 하역을 하는 관계로 주요 내용은 본선에서 계획한 일정에 따라서 작업진행을 확인하고 승인하는 과정으로 진행한다.

(5) Unloading Arm 연결 및 Purge 작업

Loading Port의 방법과 같다.

(6) Opening CTMS

Opening CTMS(Custody Transfer Measurement System) 계측은 가능하면 신속하게 실시하여야 하는데 이유는 선적항과 달리 양하항에서의 탱크 압력은 상당히 높으며, 또한 Vapor의 빌생량이 많아 본신자체로 처리하는네 어려움이 따르기 때문에 가급적이면 빨리 Boil-off되는 Vapor를 육상으로 처리해야 할 필요성이 절박하기 때문이다.

(7) 탱크 압력해소

Opening CTMS가 종료되면 본선 Cargo Tank의 압력해소를 위해 Manifold의 Vapor Valve를 Open하여 탱크 압력을 낮추어야 하는데 위에서 언급한 바와 같이 본선 접안 후 육상으로 Vapor를 보낼 때까지 기관실에서는 탱크 압력해소를 위해 지속적으로 남는 Steam을 Dump Condenser를 통해 버리고 있으므로 가능한 조속히 육상 Vapor Line과 연결작업을 실시한다.

(8) LNG Unloading Arm Cool-down

Opening CTMS가 끝나면 LNG Unloading을 위한 전 단계로 육상 Unloading Arm과 본선 Liquid Line의 Cool-down 작업을 실시하며 Loading Port에서 실시하는 방법과 다른 점은 Cool-down용 LNG를 본선에서 공급하는 점이다.

1) Loading Arm Cool-down 준비

본선 Spray Pump(통상 No.3과 4번 Tank) 2대를 이용해 유량 80~100m³/ hr로써 통상 60~80분 정도 소요된다. Line-up 완료하면 터미널에 보고하고 육상 Unloading Arm Cool-down 실시한다.

2) Loading Arm Cool-down 방법

① VCS 051, 052, 752 Valve를 Close한다.

② VCS 753, VCL 702 Valve가 Open된 상태에서 No.3 & 4 Spray Pump를 Start한다.

③ VCS 354, 454에 서리가 끼면 Close하여 액이 VCS 753을 거쳐 VCL 702를 통해 Liquid Header에 액을 채우기 시작한다.

④ 액이 Liquid Header를 채우고 Cross-Over로 넘어가기 시작하여 Manifold에 액이 도착하면 Manifold Cool-down V/V VCS 081,083,087 Full Open 후 VCS 071, 073, 077를 적절히 개도 조절하여 Cool-down 속도를 모든 Arm이 동시에 끝나도록 한다.

⑤ No.3 & 4 Spray Pump의 Del. Valve와 Manifold Cool-down Valve를 적절히 조절하여 Dock Master의 요청에 따라 Manifold의 압력을 수시로 조절하며 약 1시간 20분에 걸쳐서 Cool-down을 실시한다.

⑥ Cool-down 중간에 각 Tank Del. Valve와 No.3 Tank Filling Valve를 Open하여 Rate Up 준비를 한다.

3) Unloading Arm Cool-down 중 주의사항

Spray Pump가 Start되면 Manifold 및 Trunk Deck 본선 당직자는 본선과 연결된 Line, Flange 부위 등에 이상 여부를 점검해 CACC에 주기적으로 보고한다.

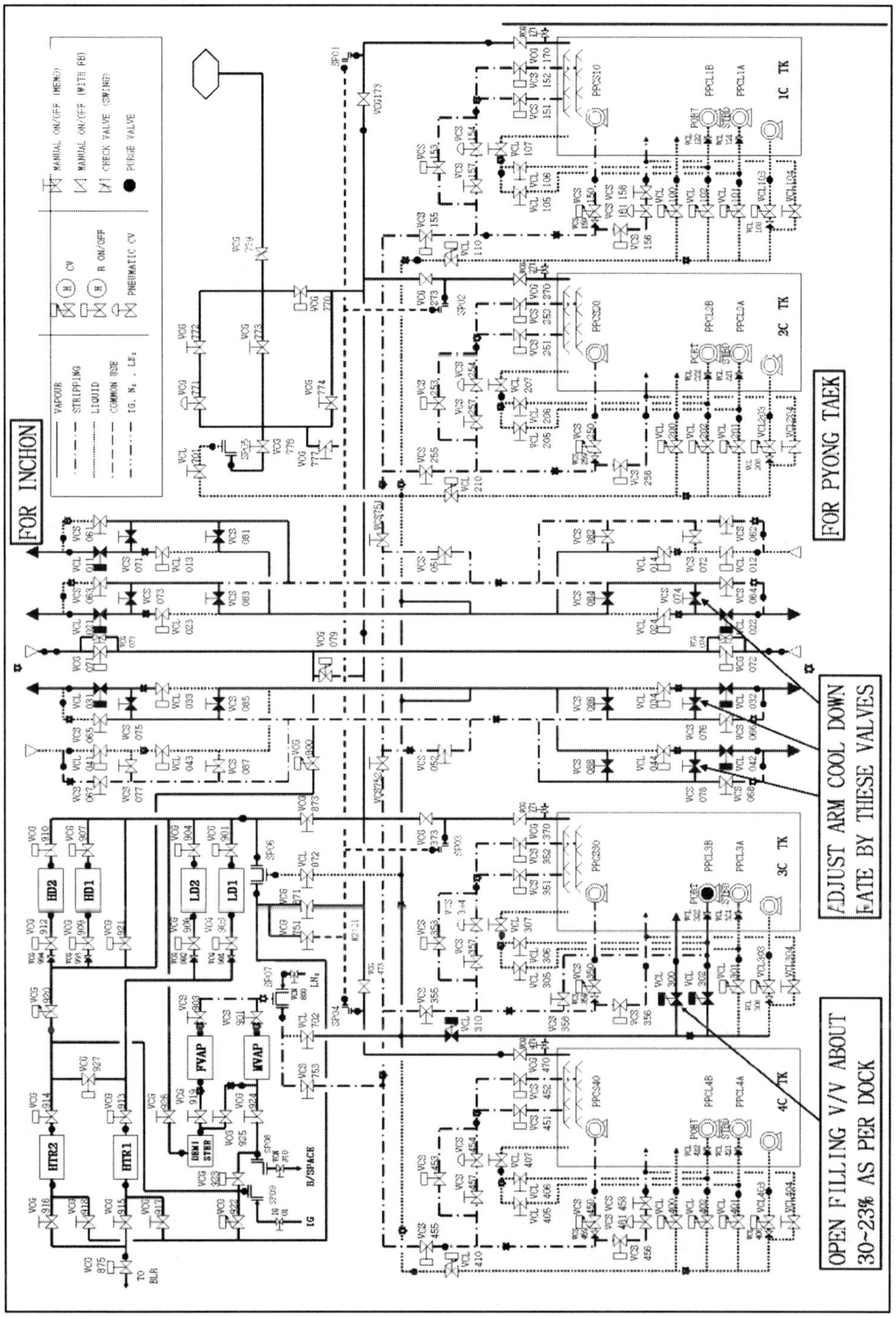

〈그림 2-9〉 Shore Arm Cool-down by Main Cargo Pump

4) Unloading Arm Cool-down 종료

전 Loading Arm에 서리가 낄 때까지 실시하며 통상 60~80분 정도가 소요된다.

(9) ESD(Emergency Shut-down) Test

요령은 Loading Port에서와 동일하다.

4. LNG Unloading 작업

LNG Unloading을 위한 Line-up이 완료되고 승조원이 배치되면 Terminal 관계자에게 본선의 하역준비가 완료됨을 통보한다.

(1) 하역준비

터미널 관계자로부터 육상의 준비가 완료되었다는 통보를 받으면 승조원에게 하역시작을 알리고 각 Trunk Deck 및 Manifold에 배치한다.

(2) LNG Unloading Start

1) Cargo Pump Start

① 8Step/4Step

최근의 LNGC는 양하작업 시 편리를 도모하고 시간을 절약하기 위해 CACC에서 IAS를 이용하여 Cargo Pump를 Sequence Start하고 있다.

- 4Step : 4Step은 한 탱크에 2대의 펌프를 순차적으로 기동하는데 이 때 해당 탱크의 Branch V/V는 Close되어 있고 Filling V/V는 open되어 있는 상태다. 탱크의 Delivery V/V는 미리 Setting되어 있는 범위까지 Open되어 액은 Filling V/V로 순환하게 되어 있다. 육상 Dock Master의 양하 허락이 떨어지면 "Discharging"을 선택하면 Discharging Sequence는 Branch V/V를 서서히 Open하고 Filling V/V를 Close함으

로써 액을 육상으로 이송하기 시작하는데 Filling V/V가 완전히 Close가 되면 Sequence는 종료된다.

- 8Step : 8Step은 한 탱크에 1대의 펌프를 Sequence로 기동하여 액을 탱크 내로 순환하다가 양하 허락이 떨어져 "Discharging"을 선택하면 4Step과 같이 Branch V/V Open, Filling V/V가 Close되면서 액을 육상으로 보내게 되며 각 탱크의 2번째 펌프는 기동과 동시에 육상으로 액을 보내게 된다.

② 4Step/8Step 선택

- Start시 Delivery Valve의 Initial Opening 확인
- Pump Stop 시의 Motor Load 및 Level 입력 확인

2) 먼저 용량이 큰 No.2 Tank부터 Sequence Start

① Pump Del. Valve는 초기 Setting값만큼 Open된다.

② Tank Filling Valve Full Open(탱크 내 1st 펌프일 경우)

③ 해당 Pump Start : 각 탱크의 첫 번째 펌프가 Start, 안정되면 Chime이 운다. 그러면 잠시 동안 액이 Delivery V/V에서 Filling V/V로 순환되다가 2nd 펌프를 Sequence Start한다. 2대의 펌프가 이상 없이 운전되는 것을 확인하고 육상에 연락, 양하 개시 허락을 받는다.

- 육상의 양하 허락이 떨어지면 "Seq.' Start Key"를 다시 누른다.
- 2번째의 Sequence Start Key가 눌려지면 "Discharging Start"로 된다.

④ 탱크의 Branch Valve VCL #10이 서서히 Open되면서 Filling Valve VCL #00이 서서히 Close되어 간다.

⑤ VCL #10 Full OPEN, VCL #00 Full Close되면 Delivery Valve를 Sequence Mode에서 Auto로 Change해준다.

- 수동으로 육상의 초기 요구 Rate에 맞추어 Rate를 증가시킨다.
- 현장 대기요원은 펌프가 완전히 Start되고 나면 Pump Column Fill-up Valve VCL #05, #06을 Close한다.

3) 5분 간격으로 다음 탱크의 펌프를 Start

① 이하 No.4 Tank → No.1 Tank의 순으로 순차적으로 펌프를 Start한다.

② No.1 Tank의 경우 탱크의 크기가 작으므로 처음부터 펌프 용량을 줄여서 운전하면 된다. 양하 중 펌프의 Start/Stop 사항은 반드시 육상에 연락해야 한다.

③ 현장 대기요원은 각 탱크의 펌프가 Start되어 Discharging Mode로 들어가면 해당 펌프의 Column Fill-up Valve VCL #05/#06을 가스장의 지시에 따라 Close한다.

④ 양하 시 본선 Manifold에 설치된 Line 압력을 감시, 최고 4.3Bar로 유지하여야 한다.

(3) Vapor Return From Shore

탱크 내 Cargo Pump가 Start되어 양하가 본격적으로 시작되면 탱크 압력이 떨어지는데 이 때 VCG 079를 조절하여 탱크 압력(100~130mb.G)을 유지한다. Vapor Return은 육상 탱크 압력과 본선 탱크 압력과의 Head 차에 의한 Vapor의 Free Flow 방식이다. CACC 당직자는 적절한 수준의 탱크 압력이 유지될 수 있도록 VCG079 조절이 필요하다.

(4) 양하중 Trim 조절 및 Cargo Pump의 Stop

① 탱크별 양하 시간 종료가 10분 간격으로 될 수 있도록 각 Tank Pump Del. Valve(Pump AMP)를 조절한다.

② 양하중 Ballasting 작업은 본선 탱크의 특성을 감안, 가능한 1.5~2.0 M/By The Stern이 유지될 수 있도록 유의하여야 한다.

③ 특히 Stripping 단계에 진입하면 Trim 유지에 주의하여 탱크 내 액두가 아주 낮은 상태에서 펌프가 Dry 운전이 되지 않도록 충분한 Trim (1.0~2.0 Meter By The Stern)을 유지한다.

④ 모든 탱크의 펌프가 Stop되면 양하종료 후 잔액제거 동안에 선수 Ballast Tank에 Ballasting하여 화물계측 시 Even Keel을 만들도록 한다.

⑤ 탱크별 종료 Level은 차 항의 운항 스케줄에 따라 적의 조절하여야 한다.

⑥ No.1 Tank의 B.O.R(증발률)은 타 탱크보다 크므로 잔액 산정 시 유의하여야 한다.

⑦ Coolant 보유 탱크는 별도의 지시가 없는 한 No.4 Tank가 바람직하다.

(5) Cargo Pump Stop

① 초기 Setting 값에 따라 탱크별 Non-Strip Pump(1st Stop Pump)가 먼저 자동적으로 Stop된다.

② 각 탱크별 Strip Pump(마지막 Main Pump)의 Load를 허용치까지 낮추어 펌프 상태를 계속 감시, 예정된 Level에 오면 Strip Main Pump를 수동으로 Stop시킨다.

③ 중동 항 기항시 1st Main Pump Stop 전에 액 Level이 1000mm에서 Strip Pump를 Start한다. 이후 2nd Main Pump까지 Stop된 후 No.1, 2, 3(혹은 No.4까지) Tank를 Strip Pump로 잔액을 완전히 Stripping시켜 No.1, 2, 3 Tank를 Heel Out시키고 필요한 Coolant는 No.4 Tank에 남긴다(Coolant 집중방식).

④ 모든 탱크의 펌프가 Stop되면 양하 종료를 육상에 통보, Manifold ESD Valve를 Close하고 No.4 Tank의 Filling Valve를 Open한다.

⑤ Main Pump가 Stop되면 해당 탱크의 Pump Column Fill-Up Valve를 Open하여 Blocking을 방지한다(VCL#05/#06).

(6) VCG079 Vapor Return Valve의 조절

탱크 내 압력이 안정되면 Vapor ESD Valve 및 VCG 079를 Close한다. 만약 양하완료 후 Bunkering 등 항내 지체시간이 많아서 Vapor 처리가 곤란하다면 Vapor Arm은 계속 연결상태로 두고, 탱크 압력과 육상과의 Head 차에 의해 본선 Vapor Control을 실시하여야 한다.

Unloading 종료 후 No.4 Tank(Coolant 적재 탱크)의 Filling Valve는 Liquid Line 내 Drainage를 위해 계속 Open 상태를 유지하여야 한다.

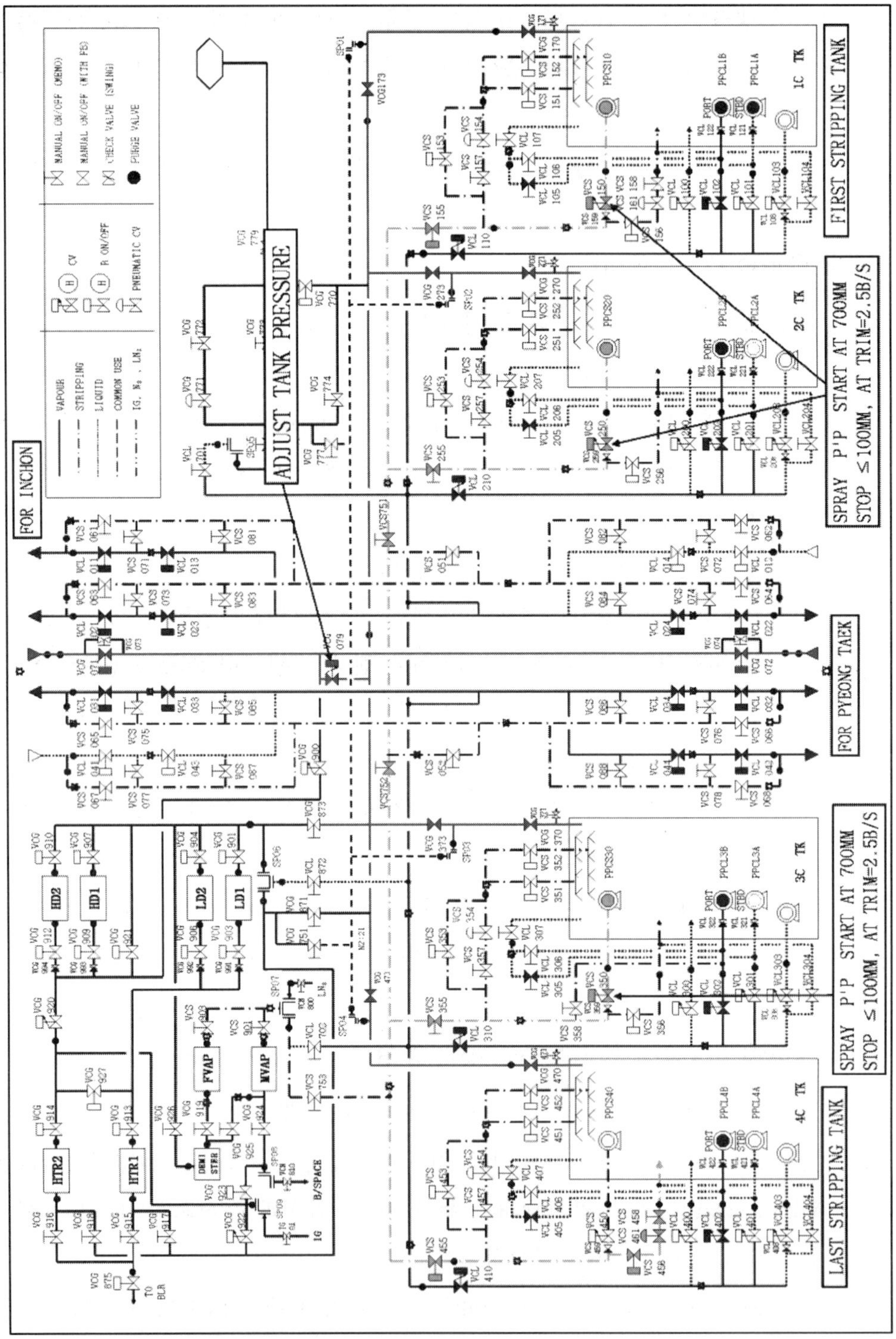

〈그림 2-10〉 LNG Unloading at Final Stage

(7) 순찰 및 주기적 보고

Manifold, Mooring, Trunk Deck 및 Dome 당직자는 지속적으로 순찰을 실시하여야 하며 정기적으로 이상 유무를 보고하여야 하며, 특히 Manifold 당직자의 경우 매시간 Loading 및 Vapor Line의 압력을 정확하게 CACC로 보고하여야 한다.

(8) Ballasting 작업

Unloading 작업이 정상적으로 이루어지고 여건이 충족되면 Ballasting 작업을 실시하는데 Ballast 주입 시 주의할 사항은 반드시 Upper Sea Chest를 사용하도록 하고 Low Water 1시간 반 전후에는 Ballasting 작업을 정지하여 Ballast Tank에 Mud가 쌓이지 않도록 조치한다.

5. Stripping 작업

Stripping 작업이란 액체화물을 양하하는 작업과정의 마지막 단계로써 화물탱크(Cargo Tank)에 남아있는 화물을 Stripping Pump 혹은 Eductor를 이용하여 Discharging하는 작업을 의미하는데 LNGC의 경우, 공선항해중 Cargo Tank Cool-down 작업을 위해 일정량의 LNG를 남겨야 하기 때문에 통상적으로 Stripping을 실시하지 않으나, 양하 후 장기대기 혹은 Dry Dock(입거)가 예정되어 있는 항차의 경우에는 실시하여야 한다.

유의할 사항은 모든 펌프에는 Un-Pumpable Level이 있으며 LNG선에 설치된 Cargo Pump도 예외는 아니다. 특히 LNGC에서 채용되어 설치된 펌프는 잠수펌프이며 윤활유를 LNG로 사용하기 때문에 공회전을 할 경우에는 베어링(Bearing), 샤프트(Shaft) 등에 치명적인 손상을 줄 수 있으므로 Stripping시 특히 주의해야 한다.

전 Cargo Tank에는 Stripping을 할 수 있도록 Spray Pump가 설치되어 있으므로 이를 이용하도록 Stripping 계획을 세운다. 통상 항차인 경우 Cargo Pump는 Sequence에 의해 미리 입력된 Level에서 자동으로 정지한다.

6. 양하종료

양하(揚荷) 종료하면 본선 및 육상 터미널 측 관계자 및 대리점에 통보하고 후속작업에 임한다.

7. Unloading 종료 후 작업

Unloading(Discharging) 종료 후 작업은 Loading 종료 후 실시하는 작업과 대체로 동일하게 수행된다.

(1) Unloading Arm Drain & Purge 작업

양하 종료 후 잔액제거는 적하항과 동일하다.

(2) Liquid Drainage

1) 확인사항

① 한 탱크의 Filling Valvc가 열려 있는지 확인

② Manifold Liquid ESD Valve Open 확인

③ Manifold Double Shut V/V Close 확인

④ Manifold VCS 08# Open, Cross-over VCS 05# Close 확인

⑤ Manifold VCS 06#에 인원 배치(G/E, G/C)

2) 잔액 제거

육상에 연락, 본선준비 완료를 통보하고 Arm에 N_2 가압을 지시한다.

① Arm내 N_2 압력이 5kg/cmG에 달하면

② Manifold 현장에서 Manual Valve VCS 06#를 급속히 열어서 Arm과 ESD Valve 사이의 잔액이 Arm → VCS 06# → VCS 08# → Liquid Header → Cargo Tank Filling Valve로 하여 Drain되도록 조작한다.

③ 이 작업은 Line당 2회 이상 실시하여야 한다.

④ 마지막으로 VCS 06#이 Close된 후 Drain Valve를 Crack Open하여 Arm

과 ESD Valve 간의 잔액 유무를 Check, 잔액이 없으면 다음 Line의 Drainage, 있다면 잔액이 없을 때까지 반복한다.

⑤ 잔액이 완전 제거되면 N_2로써 Line 내 화물가스를 완전 Purge시킨다. (가스농도 1% 이하)

3) Vapor Return 종료 및 Line Purge

Vapor Return이 종료되면 Vapor ESD Valve VCG 07#, VCG 900 Close한다.

- VCG 079 Open
- Arm과 Vapor ESD Valve 간을 N_2로 가압, 5kg/cm^{2}g 정도되면 Manifold Vapor By-pass Valve를 급속히 Open하여 Arm과 ESD Valve 간의 NG Gas를 Purge한다.
- Vapor Connection의 Purge Cock에서 CH_4 〈 1 % 이하임을 확인한다.

(3) Closing CTMS 계측

Loading시와 동일하다.

(4) Unloading Arm 분리작업

① Water Curtain을 중지한다.

② Hydro System을 "Topping Off"로 전환한다.

③ Arm 분리 전에 해당 Arm의 가스농도를 Check하여 Hydrocarbon이 1 % 이하 확인한다.

④ 필요하면 Fire Main Line의 해수 또는 청수 이용, Arm 연결 부위의 얼음을 녹인다(본선 Crew).

⑤ Strainer를 검사(양육항 60MESH)한다.

⑥ Unloading Arm이 전부 분리되면(Vapor Arm/Utility Arm 포함) 선교/기관실에 연락, Turning Gear를 빼고 엔진 Warm-up을 개시한다.

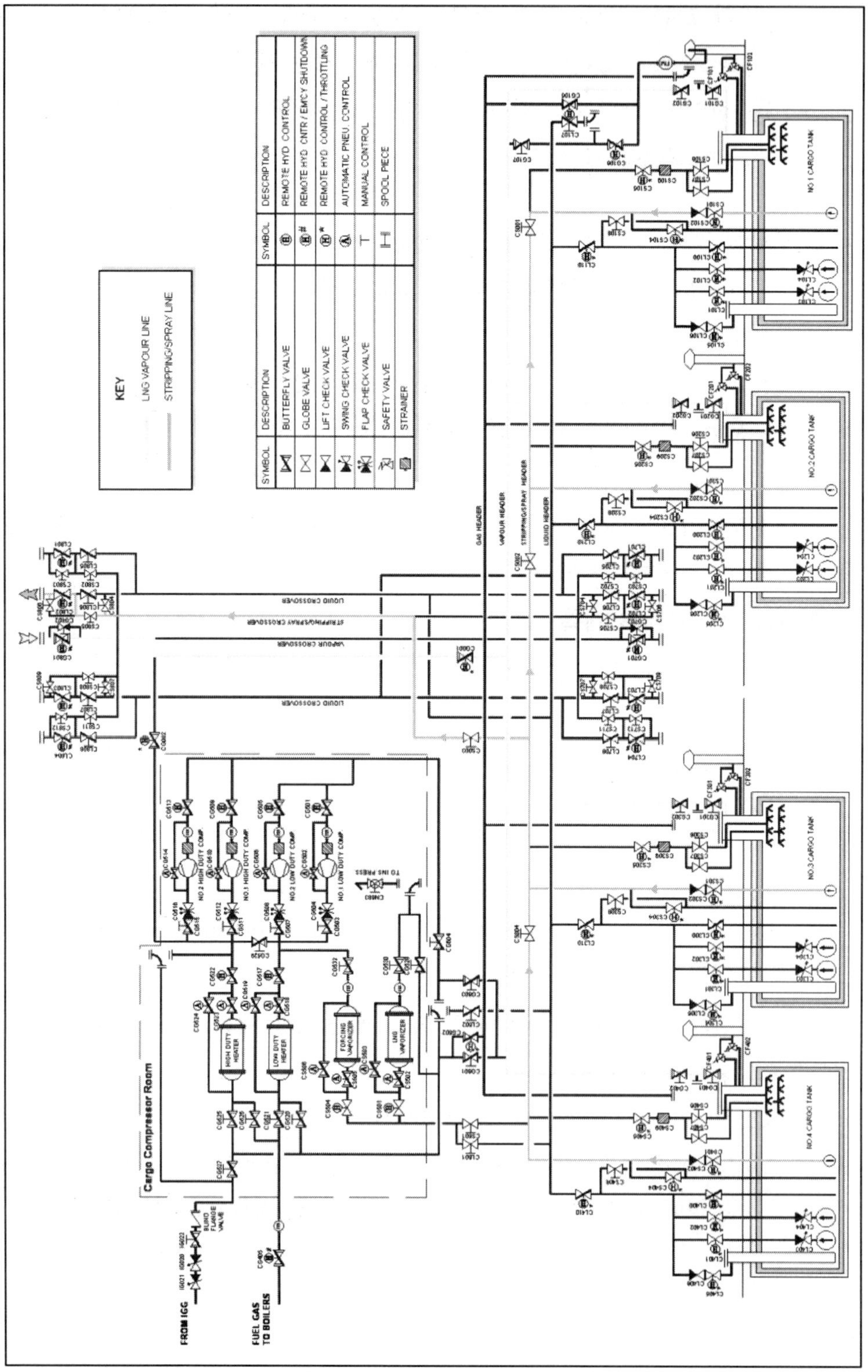

〈그림 2-11〉 Stripping & Line Drainage

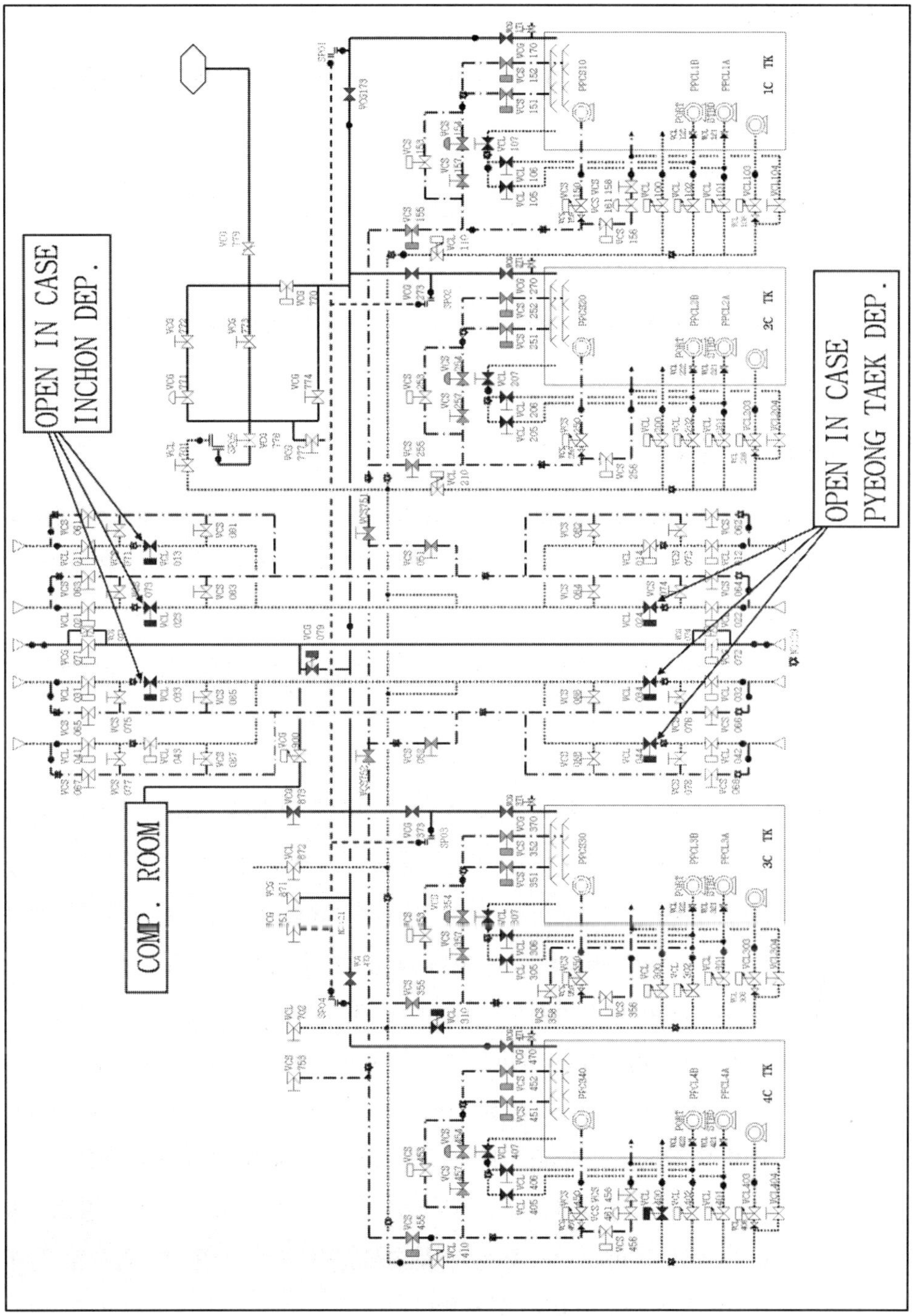

〈그림 2-12〉 Normal Valve Position During Ballast Voyage

(5) 서류작업

Discharging Port의 서류는 Loading Port와는 달리 많이 간단하다.

① Port Log

② Sample Receipt

③ Receipt for LNG Sample

④ CTMS Sheet

⑤ Notice of Readiness

8. LNG 비상양하

LNGC의 각 Cargo Tank에는 2대의 Cargo Pump가 설치되어 있는데 이 Pump가 모두 고장이 날 경우(거의 발생할 가능성이 희박함) 최악의 경우를 가정하여 2대의 Cargo Pump가 모두 고장났을 경우 그 Cargo Tank의 LNG Discharging에 대한 문제를 고려해 볼 필요가 있는데, 먼저 소용량 펌프인 Spray Pump를 이용하여 Discharging하는 경우 $50m^3$용량으로 $35,242m^3$(No.4 Tank 경우)의 LNG를 모두 양하하기 위해서는 단순한 산술적 계산으로 705 시간이 소요되어 고려해 볼 가치가 없다. 이런 경우를 대비하여 Moss형 LNGC에는 탱크 가압에 의해 LNG를 다른 탱크로 Shifting할 수 있도록 되어 있으며, Membrane형 LNGC는 Emergency Cargo Pump(용량 : $550m^3/h$)를 사용하여 LNG를 비상양하(Emergency Discharging)할 수 있도록 되어 있다.

Emergency Cargo Pump 설치는 다음과 같다.

① 펌프는 Lifting Pipes, Three Phase Cargo Power Cables, Cable Terminal Box, Mounting Plate & Spring Loaded Roller Guides와 함께 1Set 공급되며 Cable은 457mm 간격으로 Lifting Pipe에 연결되어 있다.

② 펌프를 설치할 탱크의 Liquid Dome 주변에 필요한 장비, 펌프, 케이블, Electrical Connection Box와 부속물들이 준비가 된 후 펌프를 들어올리기 위해 Sheer Leg를 설치한다.

③ Cargo Tank에는 LNG가 적재되어 있는 상태이므로 펌프가 내려질 Emergency Pump Column(600A) 내의 LNG는 방출되어져야 한다. 이

작업은 Column 내부에 N_2 가스를 주입, 가압하여 행한다. Cargo Tank에 LNG가 만재되어 있는 경우에는 200~300kPa의 압력이 요구된다. Column 하부의 Foot Valve를 통해 LNG를 밀어낸 후 Sampling Cock를 통해 가스농도를 점검해야 하며, Column Top Blank Flange를 떼어내기 전에 탱크 압력을 대기압 정도로 낮춘다.

④ Blank Flange를 떼어낸 뒤 새로운 Column Flange Gasket을 설치하고 Lifting Gear를 사용하여 펌프 설치작업을 시작한다.

⑤ 펌프에 Power Cable을 설치한 후 Deck상에 주의깊게 펼쳐 놓고 손상에 유의한다. Power Cable 끝단부에는 'A', 'B', 'C'가 표시되어 있으며 펌프의 같은 표시와 동일하게 연결하여 정확한 Phase Rotation이 되도록 한다.

⑥ 펌프를 Column 내에 내린 후 Head Plate를 연결하고 펌프와 Head Plate를 다시 올린 후 Lifting Assembly를 'Closed Position'에 둔다.

⑦ 펌프가 Foot Valve 상부 위치까지 내려지면 Gasket에 주의하면서 Lifting Assembly 부착 Head Plate를 설치한다.

⑧ Electrical Assembly와 Support Bracket를 설치하고 Deck Power Assembly의 모든 연결부가 정확한지 확인한다.

⑨ Pump Cool-down을 시작한다. 펌프는 정확한 Cool-down을 위해 10~12시간 정도 Empty Column에 매단 채 둔다. 그 후 N_2 가스를 불어 넣어 Suction Foot Valve를 연다. 이때 Lifting Assembly는 Closed Position 상태로 놓아둔다.

⑩ N_2 압력을 서서히 낮춰 Column 내에 LNG가 약 75~125mm/min.의 속도로 상승하도록 해서 펌프가 완전히 잠기도록 한다(약 2m). LNG Level이 펌프 위에 오면 N_2 압력을 유지하고 Lifting Assembly를 Open Position으로 조정하여 펌프를 완전히 내린다.

⑪ 탱크와 Column의 LNG가 같은 Level이 될 때 N_2공급을 중단하고 Column Top의 Sampling Cock로 N_2압을 방출한다.

⑫ 펌프는 작동 전 1시간 정도 LNG 내에 둔다.

⑬ 펌프 작동 전 Discharge Valve가 Open되어 있는지 확인하여 펌프 Starting 시 Column 상부에 과압이 없도록 한다. 필요하면 Purge Cock

로 과압을 방출한다.

⑭ 펌프 작동준비가 완료되면 Discharge Valve를 20% Open한 뒤 펌프를 Start한다.

⑮ Column 상부와 Discharging Pipe의 Leak 유무를 확인한 뒤 필요한 Flow Rate로 올린다.

03 항해중 화물관리

1. 적하 항해 시 화물관리

LNG 선적 후 화물관리의 핵심은 Cargo Tank의 압력 Control과 Low Duty Compressor(L/D)의 적절한 사용시간 관리라고 말할 수 있다. 선사와 한국가스공사가 체결한 수송계약서에 의하면 본선은 Laden 항차 중 BOR(Boil-Off Rate)을 0.15% /Day 이하로 유지시켜야 할 책임이 있다고 명시되어 있다.

BOR에 영향을 주는 요소는 크게 기상여건과 L/D의 Running Time 2가지로 볼 수 있는데 날씨가 험악하면 배의 움직임이 많아지고 그에 따라서 Cargo Tank 내의 LNG는 흔들림에 의하여 발생하는 마찰열이 증가한다. 따라서 열량상승으로 인한 Boil-off의 양이 증가하여 탱크 압력을 상승시키고 탱크압력을 낮추기 위해 L/D를 운전하게 되어 결과적으로 BOR이 증가하는 것이다.

(1) LNG 온도관리

메탄(Methane)의 액화온도는 −161.5℃이나 우리가 사용하고 있는 천연가스는 특별한 경우(미국 Alaska주 Kenai 가스전에서 산출되는 LNG의 조성은 CH_4의 함유량이 99.7%이다)가 아니면 메탄의 함유량이 90% 내외로써 본선에 선적되는 LNG의 온도는 대략 −158.5℃ ~ −160.5℃ 정도이다. 일부 터미널에서는 항해중 발생하는 BOR을 낮추기 위하여 과냉각 LNG를 공급한다.

선적당시의 LNG의 온도는 BOR 수치와 관계가 있는데 그 이유는 포화증기압상태의 LNG는 적은 양의 외부 열침입에도 쉽게 기화되어(Boil-off) 탱크압력을 상승시키며 BOR을 높게 만들기 때문이다.

반면 과냉각 상태의 LNG는 외부의 열침입 양을 잠열로 흡수하기 때문에 과열증기가 될 때까지는 상당한 열을 흡수한 후 증발한다. 본선 입장에서는 탱크압력을 관리하는데 과냉각 LNG가 매우 유리하다. 대체로 동남아국가의 터미널 보다는 중동지역(카타르, 오만 등) 국가들이 LNG 온도를 낮게(과냉각 상태) 유지하고 있다.

(2) 적하 항해중의 Boil-Off Gas

육상으로부터 Cargo Tank에 선적된 LNG는 −160℃ 내외의 초저온액체로서 탱크외부의 온도에 비하여 매우 낮아서 주위로부터 계속적으로 열이 침입한다. 그 결과 탱크내부의 LNG는 비등하기 전인 과열증기상태로 변하고 외부로부터 들어온 에너지(열량)와 같은 양의 열을 흡수하여 LNG는 기화하게 되는데 이러한 기화된 가스를 우리는 Boil-Off Gas라 한다. 〈그림 2-13〉은 압력(P)과 엔탈피(h or i)로 표시한 모리엘선도(Mollier Diagram, P-i선도)를 보여주는 것으로 외부의 열침입에 의한 LNG의 증발량, 즉 Boil-Off Gas의 양을 구할 때 쓰인다.

(3) Boil-Off Gas의 발생과정

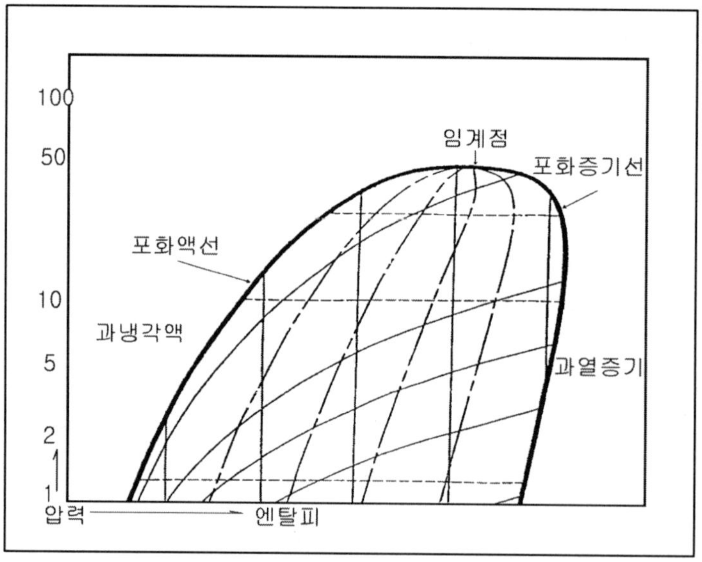

〈그림 2-13〉 메탄(CH_4)의 모리엘 선도(Mollier Diagram)

그림에서 X축은 엔탈피(BTU/LB)를 나타내고 Y축은 압력을 나타낸다. 이제 선적된 포화 LNG가 어떻게 포화증기(Saturated Vapor)가 되어 Boil-Off Gas가 발생하는지 알아보도록 하자.

① 〈그림 2-14〉에서 ①은 육상으로부터 본선에 LNG를 선적한 상태를 나타낸 점으로 포화액선(Saturated Liquid Line)상에 위치하며 액체상태를 유지하

고 있다.

② ①은 시간이 경과함에 따라서 외부로부터 열을 흡수하여 이제 막 증발하려고하는 ②점인 포화증기선(Saturated Vapor Line)상에 위치하는 LNG로 상태가 변하는데 이때 외부로부터 흡수한 에너지(열)는 잠열(Latent Heat)형태로 LNG에 흡수된다.

③ ②점에 위치한 과열증기가 더욱 더 외부열을 흡수하면 포화증기선(Saturated Vapor Line)상을 이탈하여(③점) 더 이상 기체 · 액체 평형상태를 유지하지 못하고 과열증기(Superheated Vapor)가 된다. 따라서 LNG는 증발(기화)하게 되는데 이러한 상변화 현상을 우리는 Boil-off 상태 즉, 증발가스[2]라고 한다.

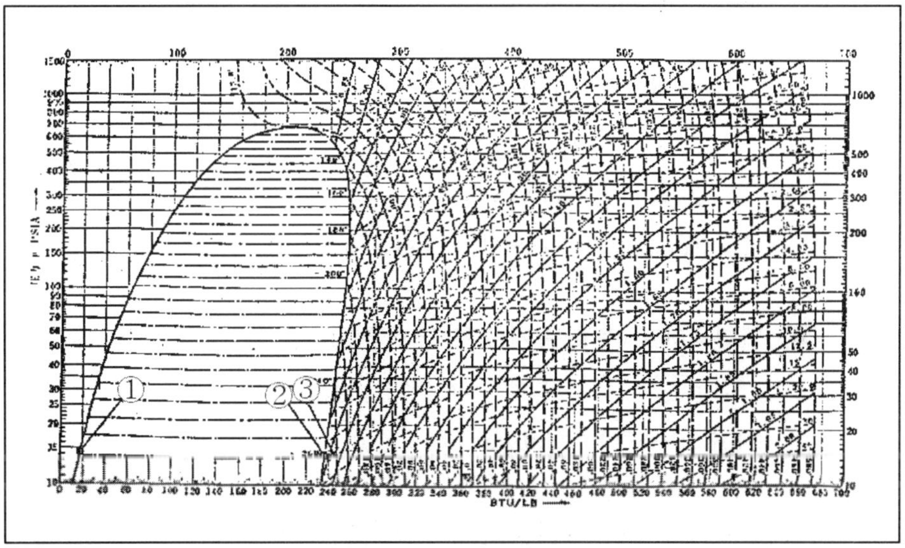

〈그림 2-14〉 P-i 선도

2) 〈그림 2-14〉에서 타원형 내부에 존재하는 LNG는 기체와 액체가 평형상태를 이루고 있는 지역으로 왼쪽의 포화액선을 따라 존재하는 LNG(①)는 주위에 열을 내어주면(뺏기면, 즉 더욱더 냉각시키면) 과냉각액이 되는 포화액(Saturated Liquid)이며, 이 포화액이 주위의 열을 흡수하면 이 액은 흡수한 열을 잠열로 가지고 있다가 막 증발하려고 하는 상태인(②) 포화증기(Saturated Vapor)로 존재하게 되며, 이 상태에서 더욱 더 열침입을 받으면 이 포화증기는 과열증기(Superheated Vapor)가 되어 드디어 증발하게 되는 것이다(③)

(4) 엔탈피(Enthalpy) 변화과정

1) ① (포화액점)점의 평형상태

ⓐ 기압 : 1ATM(14.7PSIA)

ⓑ 온도(T) : −259°F(−162℃)

ⓒ i(Enthalpy) : 18BTU/LB(10kcal/kg)

2) ② (포화증기점)점의 평형상태

ⓐ 기압 : 1ATM(14.7PSIA)

ⓑ 온도(T) : −259°F(−162℃)

ⓒ i(Enthalpy) : 238BTU/LB(132 kcal/kg)

3) ③ (과열증기)점의 평형상태

ⓐ 기압 : 1ATM(14.7PSIA)

ⓑ 온도(T) : −240°F(−151℃)

ⓒ i(Enthalpy) : 248BTU/LB(138kcal/kg)

4) 포화액에서 포화증기로의 변화열량

(잠열, 즉 ①→②에서의 변화열량)

132−10=122 kcal/kg

5) 포화증기에서 과열증기로 변화열량

(현열, 즉 ②→③에서의 변화열량)

138−132=6kcal/kg

6) 탱크 내 LNG가 증발(Boil-off)시 흡수하는 총 발열량

(①→③에서의 에너지) : 122+6=128kcal/kg

결국 1kcal의 외부 열침입에 대하여 약 7.8g(1000÷128=7.8)의 LNG가 증발(Boil-off)된다.

(5) 운항중인 LNGC의 Boil-Off Gas 발생량

한국과 중동 사이를 운항중인 135,000 CBM급 LNGC의 증발량을 알아보도록 하자.

1) BOR(Boil-Off Rate)

한국가스공사(KOGAS)와 운영선사와 맺은 수송계약서에 의하면 BOR은 0.15%/Day 이하로 유지해야 한다고 규정되어 있으나, 계절별로 차이가 발생히지만(동계에는 높이지며 하계에는 낮아진다) 대략 0.09에서 0.11%/Day 정도이다.

2) BOQ(Boil-Off Quantity)

BOR을 0.1%/Day로 가정하여 Boil-Off Quantity를 계산하면

$135{,}000m^3 \times 0.425Ton/m^3 \times 0.001/Day = 57.375Ton/Day$

로 이것을 시간으로 환산하면 2390kg/h, 즉 시간당 2.4톤의 LNG가 증발하게 되는 셈이다.

2. 압력제어

(1) 화물 탱크 압력제어

1) 제어 일반

LNGC에서 운항 중에 탱크 외부의 주위벽 등으로부터 Insulation을 통해 화물에 열이 침입한다. 또 하역 중 및 Ballast 항해시의 Spray 냉각 중에도 펌프나 Pipe Line 등으로부터의 열량도 가해진다. 일반 LNGC의 경우 화물 재액화 장치를 갖추고 있지 않으므로 외부로부터의 침입열량은 화물의 증발 및 온도와 압력상승 현상으로 나타나며 화물 탱크의 방열성능을 좋게 하면 침입열을 감소시켜 화물의 온도 및 압력이 상승하는 속도를 늦추는 것이 가능하다. 그러나 극히 단기간을 제외하고는 온도, 압력을 제어하지 않고 화물을 해상 수송하는 것은 실질적으로 불가능하며 통상의 운항 Cycle에서 화물의 압력(온

도)은 다음을 만족하도록 제어하지 않으면 안 된다.

① 탱크 내 Vapor 압력이 과압시 Safety Valve의 설정 압력(240~260mbar G) 이상이 되어 Safety Valve로부터 Vapor가 대기 방출되는 것을 피할 것

② 탱크의 허용 최소압력 이상의 압력을 유지할 것

③ 적하·양하 시 육상 기지로부터의 요구 압력을 유지할 수 있을 것

LNGC에서는 운항 Cycle을 통해서 이들의 조건을 만족하고 또한 화물의 손실(BOG의 발생)을 가능하면 적게 되도록 하는 압력제어 방법을 채택해야 한다. 압력의 변동과 BOG의 발생과는 연관관계가 있기 때문에 적절한 압력제어를 할 필요가 있다.

일반적으로 BOG의 발생을 적게 하기 위해서는 인수 기지 내 탱크 압력이 높고 선적항의 탱크 압력이 낮을수록, 즉 차압이 클수록 BOG의 발생량이 적게 된다. 이것은 당연한 것으로 화물에 가해지는 열량을 온도 압력상승에 따라 보상하는 비율이 높을수록 BOG의 발생이 적게 되기 때문이다. 따라서 BOG의 발생량을 적도록 하기 위해서는 화물의 압력을 PL〈Ps〈Pd (PL ; 선적항 탱크 압력, Ps ; LNGC 탱크 압력, Pd ; 인수기지 탱크 압력)로 계획하면 가장 효과적이나.

2) LNG 적하중 압력제어

적하중에는 육상으로 BOG(증발가스)를 반송함으로써 본선 탱크의 압력을 제어한다. 일반적으로 선적시 반송되는 가스는 육상 액화시설의 연료로 사용하든가 액화설비에 의해 재액화하든가 Flare Stack에 보내서 소각시킨다.

적하중 증발가스를 육상의 액화설비에 보낼 경우 적하중 본선 탱크 압력과 육상 탱크 압력을 거의 같도록 유지하는 것이 선박에서의 화물손실, 즉 적하항해중의 BOG발생을 적게 할 수 있으므로 유효하다. 이것은 항해중에 적하 종료 후의 화물온도 압력보다 약간 높은 값을 허용하여 이 온도 압력상승에 소비한 열량분만큼 BOG의 발생을 적게 할 수 있는 방법이기 때문이다(말레이시아 Bintulu항). 그러나 인도네시아 Bontang 또는 Arun항의 경우, 선적 시 발생하는 증발가스 및 육상 탱크 자체의 증발가스를 Flare Stack(소각기)에 보내 소각시키므로 육상 탱크의 압력이 상당히 높게 유지되고 있다. 이 경우 적하 항해

시 본선 탱크 내에서 상당량의 압력상승이 예상되므로 가능하면 본선의 Compressor를 최대로 가동, 적하 시 본선 탱크압력을 낮게 유지해야만 화물온도 강하를 도모, 선적량을 증가시키며 항해중 압력상승을 방지할 수 있다.

3) 적하 항해중 압력제어

일반적으로 항해중에 발생하는 BOG를 선박용 주기 연료(대부분은 Turbine 주기의 Boiler)로써 사용한다. 그리고 항내 정박처럼 BOG의 주기 사용이 제한된 경우에는 축압시켜 두는 방법이 채용되고 있다. 이 경우 항외에 도착하고부터 Berthing/Loading Arm 연결까지의 압력상승을 정확하게 예견하는 것이 운용상 중요하다. 이것은 설계단계에서 방열성능과 함께 신중하게 검토되어야 할 문제이다.

대양 항해중에는 BOG를 선박주기의 연료로써 사용한다. 이 경우 화물탱크의 압력을 어느 수준으로 유지하는가 하는 것이 화물의 온도유지 및 BOG(Boil off Gas)를 좌우하는 주요한 요소가 된다. 평택항의 경우 육상 탱크의 증발 가스는 압축기로 가압하여 화력발전소로 보내 가스터빈 연료로 사용하고 있어 입항 LNGC의 화물 탱크 압력 및 화물온도에 상당히 융통성이 있다. 따라서 이 경우 본선의 탱크 압력을 일정 수준(약 1100~1150mb.G)으로 유지하면 탱크 내 화물온도는 선적 시 온도보다 0.2~0.5℃ 정도 상승하여 평택항 운용에 큰 무리가 없다고 한다. 한편 오늘날 선박용 터빈엔진의 기술 개발로 항내 조선시에도 Dual-Mode에 의한 가스연소가 허용되고 있는 실정이므로 항내 조선시 탱크 압력유지에는 큰 어려움이 없는 것으로 사료되고 있다. 그러나 만일의 사고 등에 의한 항내 지체가 예상될 경우는 Steam Dumping에 의한 처리, 또는 일시적으로 항외로 대피하여 BOG 대기방출에 의한 처리 등의 방법이 있다.

4) 양하중의 압력제어

양하 시에 화물 탱크 주위로부터 침입열 및 펌프 운전 등으로 인한 열에 의해 탱크 내 화물로부터 BOG가 발생한다. 그러나 양하에 수반한 탱크 액면 강하에 따른 압력감소가 크기 때문에 육상 탱크로부터 반송 가스의 공급을 받아 본선 Cargo Tank의 압력하강을 방지한다.

양하중의 압력은 육상 탱크의 압력이 본선보다 다소 크게 유지하여 화물의 증발을 가능한 한 적게 하는 것이 좋다. 일반적으로 본선 및 육상 탱크와의 압력차는 20 내지 30mbar가 가장 좋지만 평택항의 경우, 육상 탱크와 본선 탱크간의 압력차에 의해 반송되므로 그 차이는 거의 없으며, 만약 인위적으로 육상 탱크보다 낮게 유지키 위해서는 Return Gas Valve를 조절하여 본선 탱크 압력을 유지할 수는 있다. 어느 경우에도 본선 탱크 압력은 허용압력으로 유지하여야 하며 탱크 내에서 화물이 비등하지 않을 만큼의 최소압력은 유지하여야 한다.

액화가스와 같은 증발성 액체에서는 펌프의 Suction Line의 액 표면압력이 감소하면 액위의 상승은 일어나지 않고 다량의 증발이 일어난다. 따라서 과도한 증발 및 Cavitation을 피하기 위하여 Suction측에서는 정액두(正液頭)로써 펌프에 압력을 가한다. 즉 펌프의 필요 NPSH를 유지하기 위하여 탱크 내 Vapor의 압력은 화물의 비등압력(화물온도에서의 포화증기압)보다 높게 한다. 양하종료 시에는 화물의 비등압력이 처음보다 높게 되어 있는 것에도 주의를 요한다.

5) Ballast 항해중의 압력제어

양하 종료 후 Ballast 항해 시 화물탱크의 냉각유지용으로 약간의 화물 잔액을 탱크에 남긴다. 양하 종료 후 출항시간이 지연되면 탱크 압력이 상승하므로 주의를 요하며, 필요시 BOG Line의 분리 연장 및 항내에서 BOG 연소허가 등을 얻어 두어야 한다. 한편 탱크 압력이 상승되고 난 후 항내에서의 BOG 연소는 상대적으로 용량이 적다. 또 Ballast Voyage 초기시 탱크 압력상승은 예상보다 상당히 크므로 주의를 요한다.

정상 Ballast 항해 시 대양 항해중의 탱크 압력제어는 적하 항해중과 마찬가지로 Boiler 연소에 의해 처리되며 잔액의 정도 및 선적예정일과의 상관관계에 의해 적당한 압력을 유지시키면 된다.

선적항 도착 시 또는 선형에 따라 항해중 탱크 내 잔액을 소형 펌프를 이용, 탱크 내에 Spray시켜 화물 탱크의 냉각을 유지하거나 적하조건에 만족하도록 하여야 한다. Membrane형 LNGC의 경우 이 작업이 입항 직전부터 이루어지므로 Boiler 저 부하에 따른 탱크 압력상승이 크다. 따라서 입항 시 탱크 압력 유지상 Steam-Dump가 필요하며 접안하여 화물량 계측 직전까지 가능한 탱크압력을 허용범위 내로 유지할 것이 요구된다.

(2) Cargo Tank Pressure Control System

1) Control System 개요

포화상태의 화물 온도를 일정하게 유지하기 위해서는 탱크 외부로부터의 침입열에 의해 증발되는 가스를 처리하여 탱크 압력을 Control하지 않으면 안 된다.

① Cargo Tank → L/D Compressor → Gas Heater → Boiler → Main Turbine → Steam Dumping

가장 일반적이고 바람직한 방법이 추진장치와 T/G 운전 등 본선에 필요한 Power를 얻기 위해 Boiler에서 BOG를 전량(全量) 연소시켜 Control 하는 것이다.

감속 항해중이나 항내에서 BOG 발생량이 본선의 필요량보다 많을 경우 여분의 가스를 연소시키고 남는 Steam은 Condenser에 Dumping시키고 자연적으로 발생하는 BOG 이상의 가스 연소에 대한 용선자의 요구가 있을 때는 Vaporizer를 운전하여 본선에서 필요한 연료를 생산, 사용하는 경우도 있다.

② Cargo Tank → Vent Control Valve → Vent Mast로 Venting

항해중 Boiler 연소가 불가능하거나 다른 Control 수단이 없을 때 대기로 방출시켜 압력을 Control한다.

③ 접안중

Cargo Tank → H/D Compressor → 육상 탱크

육상 탱크 → 본선 Tank(By Gravity 또는 육상 반송용 Compressor

적하중은 H/D Compressor를 운전하여 육상으로 Vapor를 반송하고 양하중에는 육상으로부터 Vapor를 공급받아 탱크 압력을 바람직한 수준으로 유지하고 양하중 육상으로부터 Vapor를 공급받지 못할 경우는 본선

의 Vaporizer를 운전 탱크 압력을 일정 수준으로 유지한다. 기본적인 탱크 압력제어는 앞의 방법들 중 단독 또는 병용해서 이루어진다.

2) Control System의 구성

모든 압력, 유량, 온도, Level 등은 CACC에 있는 통합감시 시스템인 IAS로 입력되며 설정치에 따라 적절한 상태로 자동 조작 또는 Remote Manual로 제어가 가능하며 현재의 값은 Monitor상에 표시가 된다.

① Spray Control

ⓐ Spray Pump Start Controller : Pump Start시 부하(AMP.)를 검지, 펌프의 토출 밸브의 개도를 제어하여 Overload가 되지 않도록 한다.

ⓑ Discharging Pressure Controller : 펌프 토출압력과 설정치의 차를 검출, Re-circulating Valve의 개도를 조절하여 유량이 변화하더라도 압력이 일정하도록 제어한다. 또 펌프의 허용최저유량 이상이 되도록 개도를 조절하여 펌프를 보호한다.

ⓒ Spray Control : Remote/Manual로 Open/Close할 수 있는 밸브와 Control Valve로 구성되어 있으며 Cool-down시에는 각 탱크의 온도에 따라 Spray량을 조절한다.

② Vent Control(Vent Mast)

ⓐ 탱크 보호용 Vent : Cargo Tank를 보호하기 위해 Vapor Header의 Gauge 압력이 설정치 이상 되면 Vent Control Valve를 경유해서 Vent Mast로 대기 방출시킨다.

ⓑ Mode Switch를 Vent 위치에 놓았을 때 : Vapor Header와 Cargo Tank의 압력차를 검출하여 Vapor Header의 압력이 탱크 압력보다 설정치 이상 높으면 즉 Vapor가 다른 방법으로 처리되고 있지 않으면 Venting시킨다.

③ 탱크 압력 Control(Master)

Cargo Tank의 압력을 설정치로 유지하기 위해 BOG의 양을 계산, 출력으로 발신하며 각각의 처리방법으로 처리할 수 있도록 한다.

ⓐ Ballast/Laden Mode Selector Switch : Laden Voyage에서는 대기압과 관계없이 BOG의 증발률을 안정적으로 조절할 수 있도록 절대압력 기준으로 제어하고(ABS./Gauge 압력의 선택 Switch가 있다. 대기압의 변화가 어느 한계치를 넘어 탱크의 안전에 대한 염려가 있을 때는 적당히 Setting치를 조절) Ballast Voyage 중에는 BOG의 증발량에 비해 연소설비에 충분한 여유가 있으므로 탱크의 안전을 우선으로 해서 Gauge 압력으로 Control한다.

ⓑ Dump Non Vent의 Mode Change Over Switch : Cargo Tank 압력은 Forcing BOG/Spraying 또는 Steam Dump/Gas Vent에 의해서 제어되며 제어 방법의 Mode를 경우에 따라 선택한다.

ⓓ Spray Control Mode : Ballast Voyage에만 해당되며 Auto/Manual Mode가 있고 Auto 위치에서는 Steam Dump Valve는 Close된다.

④ Forcing Vaporizer Control

Boiler의 Burner에 들어가는 가스의 유량과 탱크에서 만들어지고 있는 BOG량과의 차를 검출하여 최소 유량 설정치 이상의 범위에서 Controller의 설정치로 입력되며 필요한 양의 LNG를 강제 기화시킨다. Forcing Vaporizer 자체는 Pressure Controller와 BOG의 온도 Controller를 갖고 있으며 출구에서 압력을 계측하여 Controller로 Feed Back시켜 설정치와 비교 제어한다.

⑤ L/D Gas Compressor Control

ⓐ Tank Pressure Protect Control : Forcing BOG/Spray를 하지 않으면서 Cargo Tank의 압력을 Control할 경우, 탱크의 최저압력 설정치와 Vapor Header의 Gauge 압력을 비교하여 L/D Compressor의 Control이 그 유량을 넘어서 탱크 압력이 최저 설정압력 이하로 떨어지지 않도록 제한한다. 단 FO Burner의 점화를 확인한 후 이 기능은 작동된다.

ⓑ L/D Gas Compressor Control : No.1, 2 Boiler의 Gas Flow Control Valve의 Position을 검출해서 높은 쪽을 선택하여 바람직한 Gas Flow Control Position 설정치와 비교하여 출력을 발신한다. ⓐ의 제한을 넘

지 않는 범위 내에서 Inlet Guide Vane에 의한 Control(Load 0~25%)과 RPM에 의한 Control(Load 25~100% 범위)의 방법으로 L/D Compressor를 Control한다.

ⓒ Surge Control 및 Recirculation Control : Boiler의 부하가 낮아 가스의 유량이 L/D Compressor에 요구되는 최저 유량 이하로 떨어질 때 Surge 영역을 벗어나도록 Recirculation Valve를 조절해 Compressor의 유량을 증가시켜 주는 시스템이다. Inlet Guide Vane의 위치, Motor의 Speed, Compressor 입구·출구의 압력차를 각각 검출하여 Surge Zone을 설정하고 실제의 유량과의 차를 출력으로 발신하며 최저 가스 유량 설정치와 실제 Gas Flow Control Valve의 위치의 차에 의한 출력치와 비교하여 Surge 영역에 들어가지 않도록 유량이 높은 쪽을 선택 Surge Control Valve를 제어한다.

⑥ BOG Heater Control

Boiler의 Burner에 보낼 Fuel Gas의 온도를 설정치와 Gas Heater의 출구 온도를 비교해 유량 및 온도제어를 한다. Heating용 Steam 측은 압력만 일정하게 제어한다.

⑦ Steam Dump Control

ⓐ Steam Dump Controller : Superheated Steam 압력의 설정치에 Dump 명령용 Bias 압력 설정치를 더한 압력보다 실제의 Superheated Steam 압력이 더 높으면 Condenser에 Steam을 Dump시킨다.

ⓑ Excess BOG Dump Controller : 이 Controller는 Cargo Tank 내에서 발생하는 Excess BOG를 Boiler의 부하 한도 내에서 연소시켜 생산되는 Steam을 Condenser에서 응축시켜 처리하는 시스템이다. Boiler에 연소시키는 FO의 유량에 의한 Boiler 부하와 처리해야 할 Excess BOG에 의한 Boiler의 부하를 더해서 Excess BOG Dump Controller의 설정치로 들어가며 Steam의 유량(현재의 부하)과의 차를 출력으로 발신해서 최대 가스 유량 설정치와 현재의 유량차를 넘지 않는 범위(과부하가 걸리지 않도록) 내에서 Dump Valve의 개도를 Control

한다. Excess Dump Control은 L/D Compressor가 운전되고, Gas Burner의 점화, 탱크 압력 Control의 Mode가 Dump 위치에 있고 Condenser의 준비가 되어 있어야 한다. 또한 모든 Steam Dump는 Condenser가 Fail(온도, 압력)되면 작동이 불가능하다.

3) 선적항 출항 직후 Excessive BOG 처리

① 적재 항해중 Cargo Tank에서 발생한 BOG는 통상 Boiler에서 연료로 사용한다.

② 탱크 압력은 선적항의 Loading 시 압력을 참조하여 대략 1080~1100mb.A 상태로 유지한다.

③ LNG 선적이 끝나고 출항 시 Loading 작업완료 시점부터 36시간까지는 선적 시 육상 펌프, Pipe Line으로부터 침입한 열량 및 탱크 내 화물의 불안정, 또 가장 큰 원인으로는 화물 탱크 주변 방열구획의 냉각이 안정점(Secondary Barrier −75℃)에 달할 때까지 계속되므로 이 기간 동안 Cargo Tank로부터 발생하는 BOG의 양이 정상적인 적하 항해중보다 약 1.5배 이상으로 많다. 따라서 과도한 BOG 발생으로 Boiler 연소가능 범위를 초과할 우려가 있으며 이로 인하여 탱크 압력이 상승하게 된다.

④ 적하직후 이러한 현상을 억제하고 화물 탱크 압력을 소정의 허용범위내로 유지하기 위해서는 Cargo Tank의 압력을 정상 적하항해시 유지할 탱크 압력보다 조금 더 높게 Setting해 둘 필요가 있다. 이로서 과도한 BOG를 줄이고 탱크 압력을 허용치 이내로 유지시킬 수가 있다.
적정 탱크 압력은 선적항의 조건에 따라 다르나, 대략 1120~1150mb 정도로 Setting해두면 과도한 BOG 발생은 상당히 억제된다. 이후 방열구획의 냉각이 종료되면 탱크 압력 Setting 값을 낮추어서 정상 Control 압력인 1080~1100mb.A로 Setting한다.

4) Sloshing Problem 및 대책

① 일 반

적재 항해중 악천후 조우시 본선 탱크 형상에 기인한 Sloshing 문제가 발생할 우려가 있다. Membrane Tank는 내면이 평활하고 화물의 이동을 방지하는 격벽 등이 없어 탱크 내 화물의 동요가 심하다. 항해중 BOG 발생으로 탱크 내 액위의 감소에 따라 유동될 수 있는 범위는 항해가 진전됨에 따라 더욱 크다. 탱크 내 화물의 자유이동으로 인하여 일어나는 Sloshing 영향은 탱크 내 액체동요주기와 악천후에 의한 선체동요주기가 일치할 때 그 영향이 급격히 커진다.

② 탱크 내 화물의 허용 Level

GT Membrane 형 LNGC에서는 항해중 탱크 내 Sloshing Effect를 감소시키기 위하여 다음과 같이 항해중 또는 선박의 이동중 탱크 내 화물의 액위를 제한하고 있다.

ⓐ 적재 항해 시 : 탱크 높이의 80% ≤ 허용액면 ≤ 탱크 높이의 98.5%

ⓑ 공선 항해 시 : 탱크 길이의 0% ≤ 허용액면 ≤ 탱크 길이의 10%

그러나, BV의 Computer 해석에 의하면 적재항해 시 탱크 액면높이의 95%까지는 상당한 수준으로 Sloshing 압력이 발생하는 것으로 나와 있다. 참고로 동남아 구간을 항행하는 128,000CBM 선박의 적하항 출항 후 7.5일 간 항해 후 탱크 적재율은 대략 다음과 같다.

$$98.3-0.15\%/\text{Day}\times 8\text{d}=97.1\sim 97.5\%$$

따라서 항해종료시점에서 악천후를 조우하여도 주의만 하면 별문제가 없을 것으로 사료된다.

③ Sloshing 영향을 최소화하기 위한 조치

ⓐ 해상상태 7 이상의 악천후가 예상될 때는 감속, 변침, 피항 등의 조치를 적절히 하여 탱크 내 액 유동을 억제시킬 수 있는 방향으로 조선한다.

ⓑ 적재 항해중 장기 체류 등으로 인하여 탱크 내 액 Level이 95% 이하로 감소하면 악천후 조우시 신중한 조선을 행하여야 한다.

ⓒ 2Port 간 적재 또는 양하는 절대적으로 피하여야 한다.

ⓓ 선장은 상기의 액면 제한조건을 어떠한 경우에도 지켜야 한다.

ⓔ 선적항에서 긴급사태 발생으로 적하도중 출항하여야 할 경우, 상기 조건에 만족치 못한 상황이면 가능한 최소거리에 묘박하여 상황이 호조되면 재 접안, 만선하여 출항하여야 한다. 이것은 항해가 종료되는 시점에서도 상기 조건을 만족하여야 하며 이를 지키지 못할 경우 악천후 조우시 화물 탱크의 심각한 손상이 일어날 가능성이 있음에 유의하여야 한다.

5) 항해중 Daily Check Point

항해중 다음 사항은 매일 정기적으로 Check되어야 한다.

① 일 반

ⓐ 적재 항해중 Cargo Area, Machinery Room에는 이상상태 여부를 점검하기 위하여 정기적인 순찰이 요구된다.

ⓑ 화물의 압력/온도, Insulation Space의 압력, Hull Heating System의 정상작동, Gas Burning용 L/D Compressor/Gas Heater 운전상황, Secondary Barrier Water Detection System을 포함한 Primary와 Secondary Space의 가스 농도 등은 CACC 내 IAS를 통해 감시를 철저히 하며 IAS와 현장과의 상호확인도 적절한 간격으로 시행하여야 한다.

ⓒ Ballast 항해중 검사할 수 없는 Cold Spot 검사, Ballast Tank 내 Condition(Mud, 뻘) 검사 등을 적절한 간격으로 시행하여야 한다.

② Daily Check Item

ⓐ Tank Liquid/Gas Dome, Vent Rizer

- Leak 여부, 이상 Cold Spot
- Safety Valve 주변의 얼음, 서리 여부
- Float Level Gauge 격납 여부
- 각종 Valve의 상태 비교 (IAS/현장)
- Del. Valve나 Piping System Bellows 부분의 Crack

ⓑ Manifold 부근

- Drain/Purge Valve 등의 완전 Close 여부

- ESD Valve Flange쪽 이상 서리, 빙결 여부
- Blind Flange Bolt/Nut류 상태

ⓒ Fwd Vent Mast

- Heater Steam Leak
- Vent Heater 출구측 이상 결빙/서리여부
- Vent Heater Set Point, Condensation Level

ⓓ Cargo Machinery Room/Motor Room

- L/D Compressor 운전상황
- Gas Heater Drain Level, Steam Leak 여부
- IAS/현장 간 각종 Gauge Setting 값 비교
- Hull Heating System의 정상 작동여부(Setting Point, Glycol Water Tank Level, Leak)
- 불가동중인 Main/Forcing Vaporizer, Vacuum Pump 등의 상태
- Exhaust/Supply Fan Condition

ⓔ N_2 Generator System

- Buffer Tank 압력, 정상가동 여부
- 사용 Regulator Valve의 정기교환
- Blower, Compressor, O_2농도, Dew Point 등 상태
- Air Compressor의 운전상태 및 N_2 Generator의 상태

ⓕ Tank Insulation System

- Insulation Space Setting 값 압력
- Inlet/Outlet Regulator 상태
- Primary/Secondary Space Safety Valve Condition
- Primary/Secondary Space Gas 농도

ⓖ Hull 온도 감시장치 : IAS Panel을 통하여 Secondary Barrier 내의 온도, Cofferdam 및 Trunk Deck의 온도를 매일 점검하여야 한다. 온도 Sensor의 이상이 있을 때는 Barrier Space 내의 Sensor는 Junction Box에서 Main Sensor에서 Spare Sensor로 Switch를 Change Over하고 그 밖의 장소는 가능하면 교체하여야 한다.

ⓗ 본선 내 각종 기기에 대한 LNG Daily Log를 작성, 매일의 Condition Check 및 기기 운전상황을 기록하여 보존한다.

③ Annual Check Item

ⓐ Cold Spot 검사 : Cold Spot이란 선체의 내각(內殼), 방열재 외표면 등에 서리, 얼음 또는 이슬이 발생, 국부적으로 냉각되어 있는 부분을 말한다. 화물 적재상태에서 Cold Spot 유무를 검사하여 방열재 등의 결함을 발견하는 것을 Cold Spot 검사라 한다. Cold Spot 검사는 Gas Trial 시에도 검사할 수 있으나 완전한 것은 못 되며 확실한 Cold Spot 검사는 소정의 화물을 만재한 상태에서 가능하다. 따라서 신조 후 처음으로 화물을 실었을 때 그리고 Dock 작업 후 Loading Port에서 화물을 만재 후 항해중 검사를 행한다.

IGC Code상 Cold Spot 검사규정은 다음과 같다.

- 선체 내각(Inner Hull) 중 적어도 1면은 여하한 고정 구조물 또는 장비품을 제거치 않고도 시각 검사가 될 수 있도록 해야 하며 내각 중 한 면 밖에 볼 수 없는 경우 이 내각의 위벽은 연료유 탱크로 해서는 안 된다.
- Hold Space 내 방열재의 1면은 검사할 수 있어야 한다. 화물 탱크 온도가 사용온도 상태로 있을 때 Hold Space Boundary 외측에서 검사하므로 방열 설비의 안전성을 확인할 수 있는 경우는 예외이다.
- 2차 방벽(Secondary Barrier)은 Pressure/Vacuum, Visual Inspection 또는 주관청이 인정한 적당한 방법에 의해 그 유효성을 정기적으로 확인할 수 있어야 한다. 이 확인방법은 승인용으로 주관청에 제출하여야 한다.
- 선체 구조는 최초 적하항해 시 Cold Spot 검사를 해야 한다.

ⓑ Ballast Tank 내 상태검사 : 현재 선적항은 대부분 외해와 접해있고 수심의 여유가 있어 Ballast Tank 내 Mud 등의 누적이 없으므로 매 항차 1~2개씩 Ballast Tank를 선정하여 적재 항해 시 탱크 내부를 검사, Stripping 효과 및 Dead Weight 산출, Mud(뻘), 이물질의 상태, Paint 상태 및 간이 Cold Spot 검사를 겸해서 실시하여야 한다.

〈표 2-4〉 Cold Spot 작업일정 및 안전점검표

Time	Cold Spot 점검장소 및 O_2 Check 결과	점검자
08 : 00~09 : 00	안전점검, Cold Spot 검사 사전 협의, 담당 Part 결정	
09 : 00~12 : 00	No.1 WBT(P) – 20.8%	
	No.1 WBT(S) – 20.8%	
	No.2 WBT(P) – 20.8%	
	No.2 WBT(S) – 20.8%	
	No.3 WBT(P) – 20.8%	
	No.3 WBT(S) – 20.8%	
	No.4 WBT(P) – 20.8%	
	No.4 WBT(S) – 20.8%	
	Side Passageway(P) – 20.8%	
	Side Passageway(S) – 20.8%	
	Pipe Duct- 20.8%	
13 : 00~13 : 30	안전점검	
13 : 30~16 : 30	No.1 Liquid Dome – 20.8%	
	No.2 Liquid Dome – 20.8%	
	No.3 Liquid Dome – 20.8%	
	No.4 Liquid Dome – 20.7%	
	No.1 Cofferdam – 20.7%	
	No.2 Cofferdam – 20.7%	
	No.3 Cofferdam – 20.8%	
	No.4 Cofferdam – 20.8%	
	No.5 Cofferdam – 20.7%	
	No.1 Trunk Deck(Gas Dome포함) – 20.8%	
	No.2 Trunk Deck(Gas Dome포함) – 20.8%	
	No.3 Trunk Deck(Gas Dome포함) – 20.7%	
	No.4 Trunk Deck(Gas Dome포함) – 20.7%	
16 : 30~17 : 00	Man Hole Close, 뒷처리	
작업 전반	입구대기 감시자, 통신확인	
	O_2 농도 체크	

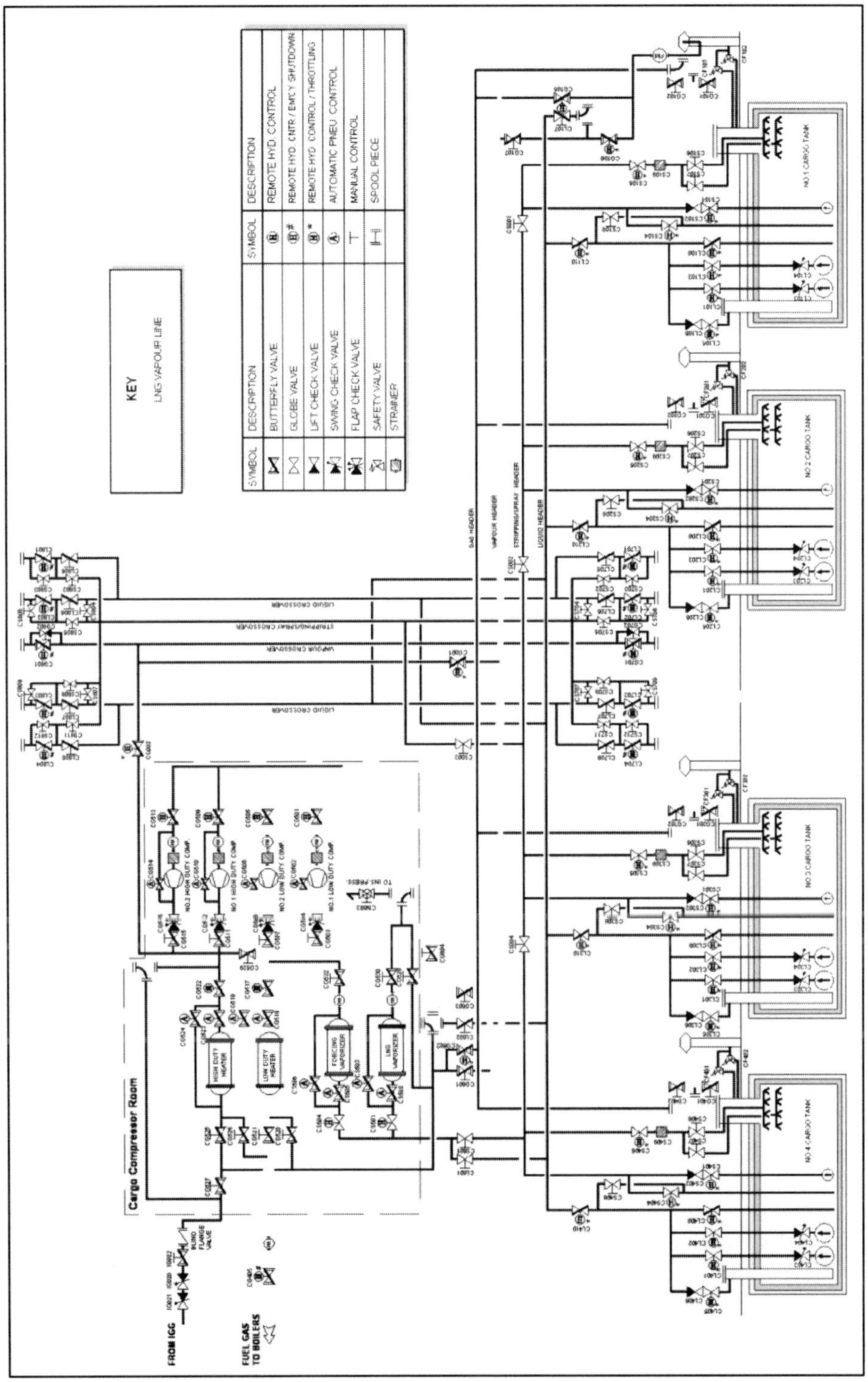

〈그림 2-15〉 Normal Boil-Off Gas Burning

Ⅲ LNGC의 설비

01 화물 기기

02 안전설비

03 기타 설비

01 화물 기기

액화천연가스(LNG) 운반선은 다른 어느 화물선 보다는 화물취급에 있어 필요한 기기들을 많이 설비하고 있다.

일반적으로 액화천연가스 운반선의 화물취급에 관련된 기기들은 별도의 장소에 함께 설치를 하고 있는데 일명, 'Cargo Machinery Room'이라고 한다.

액화천연가스 운반선에 설치되어 있는 주요한 화물 기기(Cargo Machinery)로는 화물 펌프(Cargo Pump), 스프레인 펌프(Spray Pump), 하이 및 로우 컴프레서(High & Low Compressor), Boil-off/Warm-up Heater, LNG Vaporizer, LNG Forcing Vaporizer, Inert Gas Generator, N_2 Generator 및 Hull Heating System 등이 설치되어 있다.

1. 화물 펌프

액체 화물을 운송하는 선박에 설치되어 있는 펌프는 다양한데 왕복동 펌프, 회전 펌프, 원심 펌프 및 제트 펌프 등이 있다. 이러한 여러 가지 펌프 중에서 액화천연가스 운반선에 일반적으로 설치되어 있는 화물 펌프(Cargo Pump)는 잠수식 원심 다단펌프(Submerged Centrifugal Multi Stage Pump)가 설치되어 있디.

일반적으로 펌프는 화물 탱크 밖에 설치되어 파이프 라인을 통해 화물을 이송하게 되는데 잠수식 펌프란 펌프가 화물 탱크 내에 설치되어 화물을 직접적으로 이송하는 펌프이다.

원심 펌프란 원심력을 이용하여 액체 화물을 이송시키는 펌프로 이러한 원심 펌프는 다음과 같은 장점이 있어 펌프 가운데 가장 많이 사용되고 있다.

① 다단에 의해 고압과 높은 양정을 얻을 수 있다.

② 흡입성이 좋다.

③ 소형으로 가격이 저렴하다.

다단 펌프는 〈그림 3-1〉에서 볼 수 있듯이 임펠러가 여러 단으로 구성되어 있는 펌프를 말한다.

액화천연가스 운반선에 설치된 이러한 화물 펌프는 일반적으로 중용량(500~2000m^3/hr), 저양정(100~160m)의 펌프로 각 화물 탱크당 2대가 설치되어 있다.

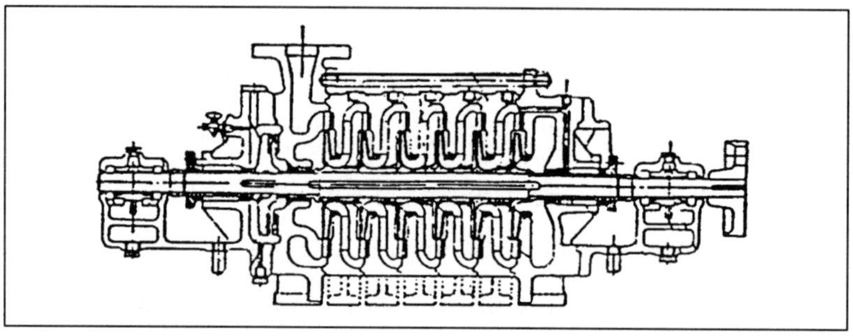

〈그림 3-1〉 다단 원심 펌프

액화천연가스 운반선에 설치되어 있는 화물 펌프의 구조를 간단히 살펴보면, 〈그림 3-2〉와 같으며, 각 부품의 재료는 극저온 환경에 강건하면서도 친화적인 알루미늄 합금 및 스테인리스강을 주로 사용하고 있으며, 각각의 구성은 전원공급을 위한 터미널 박스 조립부, 액화천연가스의 흡입을 도와주는 펌프 끝단의 인듀서, 인듀서를 통해 유입된 액화천연가스를 밀어 올리는 임펠러 및 베어링부로 구성되어 있다.

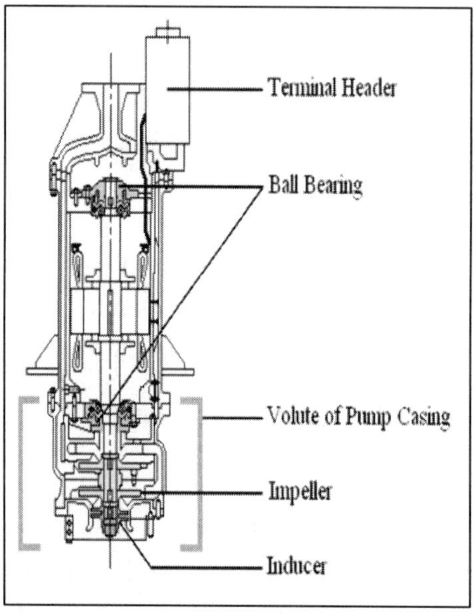

〈그림 3-2〉 화물 펌프의 구조

아울러 이러한 화물 펌프의 특성을 간단히 살펴보면 다음과 같다.

① 펌프와 모터가 일체화되어 있는 구조로써 가볍고 단순하여 부품수가 적다.

② 샤프트가 없어 Mechanical Seal 같은 밀폐장치가 필요 없으며 운전 시 소음이 적고 공기와 완전히 차단되어 있어 누설의 위험과 폭발의 위험이 현저히 준다.

③ 펌프의 설치 및 분해가 수월하다.

④ 예냉(Pre-cooling)없이 기동이 가능하다.

⑤ 모터와 축이 액화천연가스로 냉각 윤활되는 구조로 액화천연가스는 점성이 낮고 충분한 윤활효과가 없어 축의 수명이 짧아 축의 재질이 중요하게 된다.

⑥ 액화천연가스는 탄화수소로 고도의 전기적 부도체로 절연성이 좋다.

〈그림 3-3〉 화물 탱크 내에 설치된 화물 펌프

이렇듯 액화천연가스 운반선에 설치되어 있는 화물 펌프는 액화천연가스의 특성을 잘 활용한 형태의 펌프로 화물 탱크의 거의 바닥에 설치되어 있고, 이물질의 유입을 막기 위하여 펌프의 흡입구 쪽에는 스트레이너(Strainer)가 설치되어 있다.

〈그림 3-4〉은 화물 펌프에 설치되어 있는 스트레이너의 모습이고, 〈그림 3-5〉는 화물 탱크 내의 액화천연가스가 화물 펌프에 의해 이동하는 경로를 나타내고 있다.

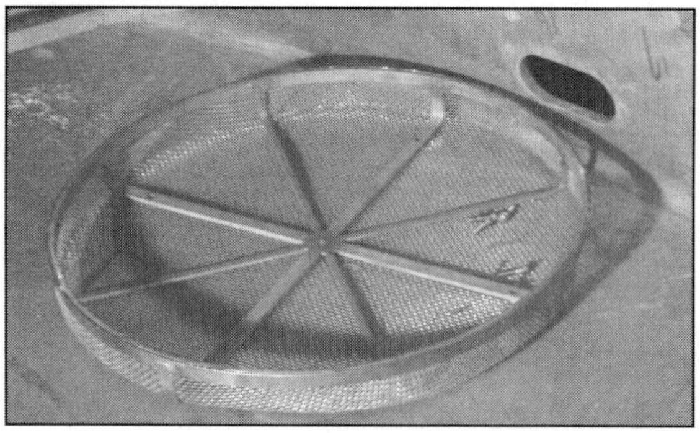

〈그림 3-4〉 화물 펌프에 설치되어 있는 스트레이너

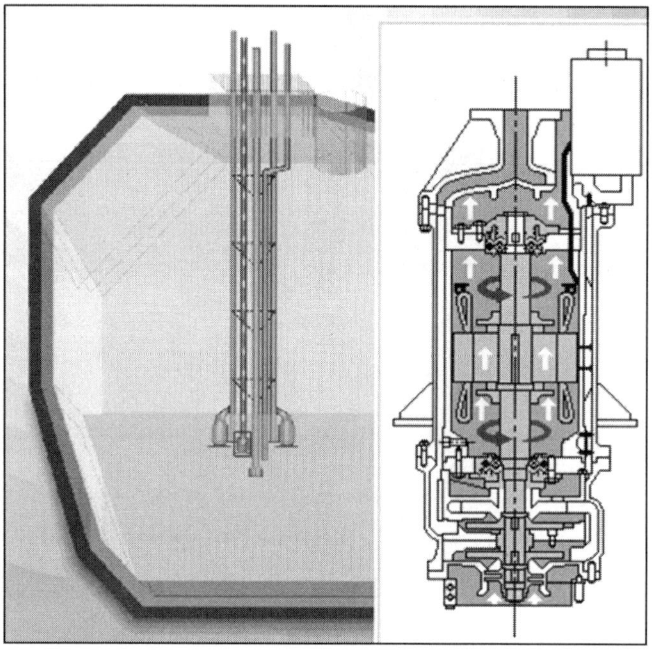

〈그림 3-5〉 화물 펌프의 화물이송

〈그림 3-5〉에서 알 수 있듯이 화물 펌프는 모터와 일체형으로 형성되어 있어 모터가 회전을 하면 펌프도 같이 회전을 하게 되므로 인하여 화물을 흡입하게 되고 화물 펌프 상단에 연결된 파이프 라인을 통해 화물을 밀어 올림으로써 화물 양하를 하게 된다.

화물 펌프의 기동은 통상 중앙제어실(CACC : Centralized Administration Control Center)에서 제어장치(IAS)에 의해 작동되는데 일정한 절차(일명,

Sequence)에 따르게 된다.

화물 펌프의 기동절차는 다음과 같이 크게 두 가지로 이루어지고 있다.

① 4Step : 처음 화물 탱크의 펌프가 2대 모두 기동되어 정상작동 상태를 확인하고 난 후 육상이송 밸브(Branch Valve)가 개방되고 그 다음 탱크로 차례가 넘어가서 다시 똑같이 펌프 2대를 기동하고 육상 이송 밸브를 개방하는 순서로 전 탱크 모두 실시하게 되면, 양하가 4단계에 걸쳐서 이루어지게 된다.

② 8Step : 항상 화물 탱크의 첫 번째 펌프가 기동되고 정상적인 작동이 확인되면, 육상 이송 밸브가 개방되고 그 다음 탱크로 차례가 넘어가서 다시 똑같이 펌프 1대가 기동되고, 그 다음에 육상 이송 밸브가 개방된다. 이런 순서로 전 탱크에서 실시하게 되면, 양하는 결국 8단계에 걸쳐서 이루어지게 된다.

정상적으로 운용되고 있는 화물 펌프는 비상상황이나 선박의 안전을 위하여 다음과 같은 조건에서는 자동으로 정지된다.

① ESDS(Emergency Shut-Down System)이 작동되었을 때
② 화물 탱크 보호 시스템이 작동되었을 때
③ 모터의 저전류가 설정치 이하에서 일정시간 유지가 되었을 때
④ 모터에 과전류가 설정치 이상에서 일정시간 유지가 되었을 때

2. 비상 화물 펌프

비상 화물 펌프(Emergency Cargo Pump)는 화물 펌프와 동일한 형태의 펌프로 액화천연가스 운반선의 형태 중 멤브레인 액화천연가스 운반선에서만 운용이 되는 펌프이다.

앞서 언급한 바와 같이 액화천연가스 운반선의 화물 탱크에는 각각 2대의 화물 펌프가 설치되어 있는데 만약 어떠한 원인으로 인하여 설치되어 있는 화물 펌프 2대 모두의 사용이 불가한 비상상황에 대비한 펌프이다.

비상 화물 펌프의 설치는 〈그림 3-6〉에서 볼 수 있듯이 비상 화물 펌프를 삽입할 수 있는 파이프 라인에 불활성의 질소 가스를 채운 후에 비상 화물 펌

프를 상부에서 아래로 천천히 내려 설치하게 된다.

설치된 비상 화물 펌프는 기동 시에 그림과 같이 화물을 밀어 올리게 된다.

참고로 모스(Moss) 형태의 액화천연가스 운반선의 경우는 별도의 비상 화물 펌프가 구비되어 있지 않다.

모스 형태의 액화천연가스 운반선도 화물 탱크에는 각각 2대의 화물 펌프가 설치되어 있는데 만약 이러한 화물 펌프가 운용 불가한 경우에는 비상 양하 작업을 시행하여야 한다.

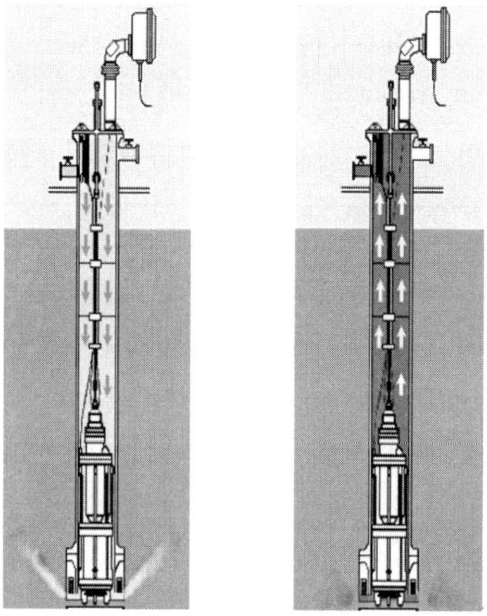

〈그림 3-6〉 비상 화물 펌프 설치모습

하지만 언급한 바와 같이 모스 액화천연가스 운반선의 경우는 비상 화물 펌프 및 설치 시설이 구비되어 있지 않기 때문에 다른 형태의 양하작업 방식인 압력을 이용하여 비상 양하를 하게 된다.

화물이 선적되어 있는 화물 탱크에 압력을 가하여 파이프 라인을 통하여 화물이 역류되어 나오도록 하는 방식으로 비상 양하작업을 시행하게 되는데 동 방법은 모스 형태의 액화천연가스 운반선의 화물 탱크가 그러한 압력에 견딜 수 있게 설계되어 있기 때문에 가능하다.

3. 스프레이 펌프

스프레이 펌프(Spray Pump)도 화물 펌프와 같이 화물 탱크 내에 설치되어 있는 화물 펌프 중에 하나이다. 또한 펌프의 종류도 화물 펌프와 같고, 단지 그 용량만 작은 펌프이다. 이러한 스프레이 펌프는 스트립핑(Stripping) 펌프라고도 하는데 양하 작업에만 사용되는 화물 펌프와는 달리 스프레이 펌프는 다음과 같은 여러 기능을 수행하는데 사용된다.

① 화물을 적하 · 양하하기 전에 각종 파이프 라인을 냉각시키는 작업

② 화물을 양하하고, 화물 적하를 위해 적하항으로 항해하는 동안 액화천연가스의 일부를 스프레이 노즐로 보내 분사시켜 냉각효과를 이용 화물 탱크의 온도를 일정 이하로 냉각시키는 작업

③ 필요에 따라 액화천연가스를 기화시켜 천연가스를 연료로 사용하고자 할 경우 액화천연가스 기화기(Forcing Vaporizer)로 액화천연가스를 보내야 하는데 이때 액화가스의 이송작업

④ 일반적으로 화물을 양하할 때, 앞서 언급한 바와 같이 화물을 적하하기 전에 화물 탱크 및 각종 파이프 라인을 냉각시키기 위하여 일정한 양의 화물을 남겨두게 되는데 상황에 따라서는(특수 작업이나 장기 정박의 경우 등) 이러한 잔량을 남겨둘 필요가 없게 되는데 이 때 화물 탱크 내의 화물 잔량을 모두 양하하는 작업

〈그림 3-7〉 스프레이 펌프 설치모습

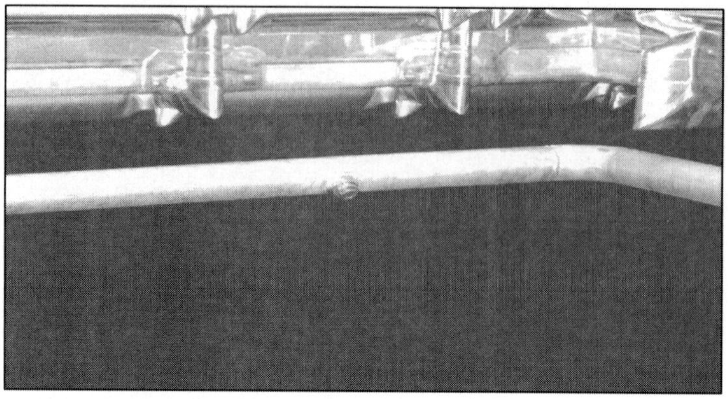

〈그림 3-8〉 화물 탱크 내의 스프레이 노즐

4. High Duty Compressor

컴프레서(압축기)란 기체에 에너지를 가하여 압력이 낮은 곳에서 압력이 높은 곳으로 기체를 보내는 기기이다.

액화천연가스 운반선에 설치되어 있는 컴프레서는 그 기능과 용량이 다른 High Duty 및 Low Duty로 구성되어 있다. High Duty(H/D) 컴프레서(Compressor)란 고효율 혹은 대용량의 컴프레서를 의미한다.

〈그림 3-9〉 High Duty Compressor

(1) High Duty Compressor의 작동원리 및 기능

High Duty 컴프레서는 전기모터 구동식 정속 1단 원심 컴프레서로 Flow량은 Guide Vane(〈그림 3-10〉 참조)으로 조절한다.

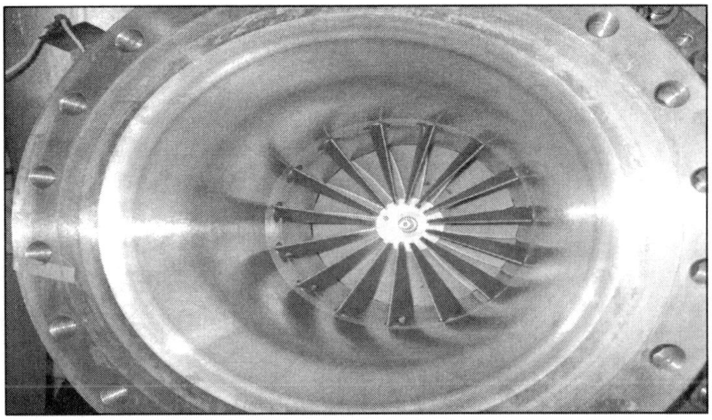

〈그림 3-10〉 High Duty Compressor의 Guide Vane

그리고 자동 Surge Control System 방식을 채택하여 Flow Rate가 Surge Zone 부근에 있지 않게 자동으로 조절한다.

Surge란 원심 컴프레서에서 발생하는 불안정한 운전상태로 Impeller는 정상 회전하고 있으나, 토출과 역류를 주기적으로 반복하여 진동과 소음을 수반하며 컴프레서의 부하가 변동하는 현상을 말한다.

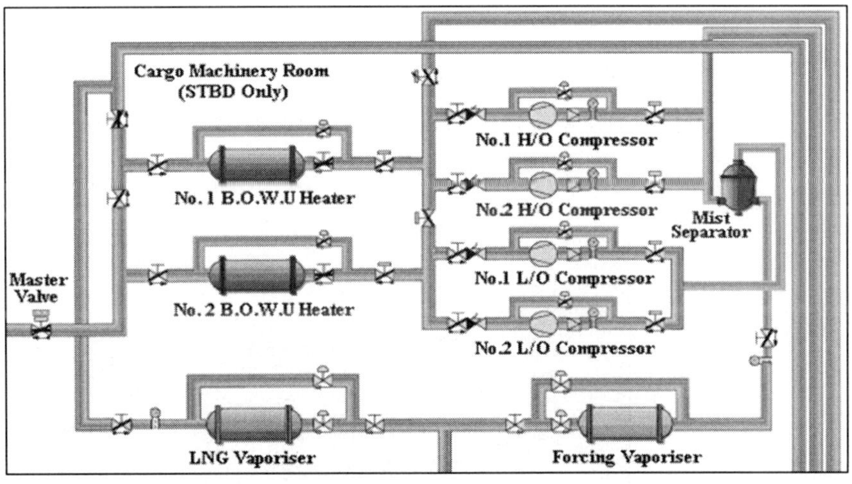

〈그림 3-11〉 High Duty Compressor의 배치도

High Duty 컴프레서는 액화천연가스 운반선에서 다음과 같은 작업을 진행할 때에 사용된다.

① 화물 적하작업을 할 때에 육상에서 화물이 화물 탱크로 유입될 때에 화

물 탱크에 채워져 있던 천연가스는 화물의 유입량만큼 배출되어야 하는데 이때 화물 탱크의 압력을 유지하면서 탱크내의 천연가스를 육상으로 보낼 때 사용된다.

② 필요에 따라 화물 탱크 냉각작업을 시행할 때에 화물 탱크 냉각을 위해 액화천연가스를 분사하면 상당한 천연가스(증기가스, Vapor)가 발생하게 되고 급격한 탱크 압력증가를 가져오는데 이러한 압력을 해소하기 위하여 발생된 천연가스를 육상으로 보낼 때 사용된다.

③ 입거를 위한 준비작업 및 입거 후 화물선적을 위해 화물 탱크의 가스를 다른 가스로 치환작업을 할 경우에 사용된다.

(2) High Duty Compressor의 설치

컴프레서가 위치하고 있는 장소는 항상 천연가스가 유통되고 있어 항상 폭발성의 천연가스가 상존할 가능이 있기에 컴프레서에 힘을 제공하는 모터가 같은 장소에 있다면 모터는 전기적 힘으로 움직이기 때문에 전기적 스파크나 열에 의해 폭발이 발생할 수도 있다.

이러한 연유로 컴프레서용 모터는 모터룸이라는 별도의 장소에 설치되어 있어 컴프레서와는 축으로 연결되어 힘을 전달하게 된다. 컴프레서와 모터의 연결축이 관통하는 부분은 가스의 유입이 있을 수 있기 때문에 Seal Gas(봉입가스)로 누출 가스의 흐름이 차단되도록 설비되어 있다.

〈그림 3-12〉 High Duty Compressor Motor

5. Low Duty Compressor

Low Duty(L/D) Compressor는 High Duty 컴프레서와는 다소 달리 속도조절식 1단 원심 컴프레서로 Flow량을 Guide Vane으로 조절한다. 기타 다른 기동 및 작동원리는 High Duty 컴프레서와 동일하나 저용량의 컴프레서이다.

Low Duty 컴프레서는 항해중에 화물 탱크 내에서 자연 발생하는 BOG(Boil-Off Gas)와 강제 기화시킨 BOG를 선박에 설치되어 있는 보일러로 보내는 역할을 한다. 이러한 Low Duty 컴프레서를 통해 보내온 BOG는 보일러 연료로 사용이 되고 보일러에서 나온 증기로 선박의 추진력을 얻게 된다.

Low Duty 컴프레서의 경우도 High Duty 컴프레서와 같이 모터와는 별도의 장소에 설치되어 있다.

일반적으로 액화천연가스 운반선에서 운용되고 있는 컴프레서(High & Low Duty 컴프레서)의 정지는 다음과 같을 때에 이루어진다.

① IAS로부터 정지신호가 있었을 때

② ESDS가 작동되었을 때

③ 컴프레서가 설치되어 있는 현장에 페널이나 모터룸에의 모터측에 수동정지 버튼을 작동시켰을 때

④ 모터룸이나 컴프레서룸에 설치되어 있는 가스 검지기에서 가연성의 폭발성 가스를 감지하였을 때

⑤ 모터룸에 설치되어 있는 공기공급 펜이 모두 정지되었을 때

6. LNG Vaporizer

LNG Vaporizer는 액화천연가스를 기화시키는 장치로 기관실에서 공급된 증기의 열을 이용하여 액화천연가스를 기화시킨다. 이러한 LNG Vaporizer의 기능은 다음과 같다.

① 입거 작업이나 기타 원인으로 인하여 화물 탱크에 천연가스를 채우고자 할 경우 육상에서 공급되는 액화천연가스를 기화시켜 화물 탱크로 보내는 역할을 한다.

② 양하작업 시에 육상으로부터 천연가스의 공급이 없을 때에 부득이 화물

양하로 인한 화물 탱크의 압력감소를 해소하기 위하여 양하되는 액화천연가스의 일부를 보내 기화시켜 화물 탱크로 보내는 역할을 한다.

③ 입거 작업 등으로 방열구역 또는 화물 탱크를 질소로 Inerting하고자 할 경우 육상에서 공급되는 액화질소를 기화시켜 방열구역이나 화물 탱크로 보내는 역할을 한다.

④ 다음에 설명할 Forcing Vaporizer가 작동불가 상태에 있을 때에 보일러에 필요한 연료 가스를 공급하는 역할을 한다.

〈그림 3-13〉 LNG Vaporizer

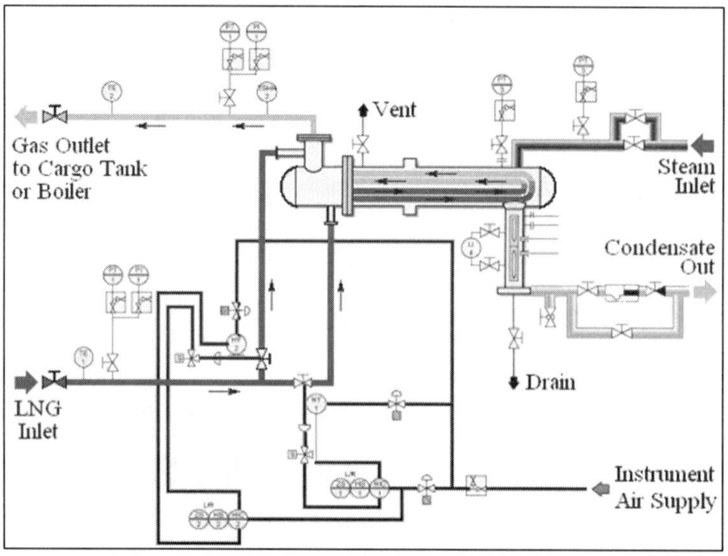

〈그림 3-14〉 LNG Vaporizer 계통도

7. Forcing Vaporizer

Forcing Vaporizer는 LNG Vaporizer와 동일한 구조에 다만 차이점은 그 용량이 작다는 것과 그 역할이 다르다는 점뿐이다. Forcing Vaporizer는 말 그대로 강제로 기화시키는 장치로 'Total BOG' 시스템을 가동시킬 경우에 사용된다.

Total BOG 시스템이란 실무적으로 "Gas Only Mode"라고 하는 시스템으로 통상적으로 액화천연가스 운반선은 Boil-off(산지에서 액화시켜 운송하려고 선박의 탱크에 선적한 액화천연가스가 외부의 열침입에 의해 침입한 에너지량 만큼의 열량은 흡수하면서 기화한 가스를 의미)된 천연가스(Vapor)를 재액화(再液化)하거나 혹은 대기로 방출시키지 않고 Low Duty 컴프레서와 Warm-up Heater를 통해 기관실로 보내져 보일러의 연료로 사용하는데 이때 액화천연가스 운반선의 추진은 FO(Fuel Oil)와 가스 두 가지의 연료를 사용하는 시스템(Dual Mode)이 된다. 그런데 Total BOG 시스템은 선박의 연료로 가스만을 사용하도록 맞추는 시스템이다. 그러나 화물 탱크에서 기화되는 가스만을 가지고는 보일러 연소에 필요한 양이 부족하므로 화물 탱크에 선적된 액화천연가스를 강제로 기화하고 Heater를 통과시켜 온도를 올려 기관실로 보내 연료로 사용하게 되는데 이때 Forcing Vaporizer가 사용되게 된다.

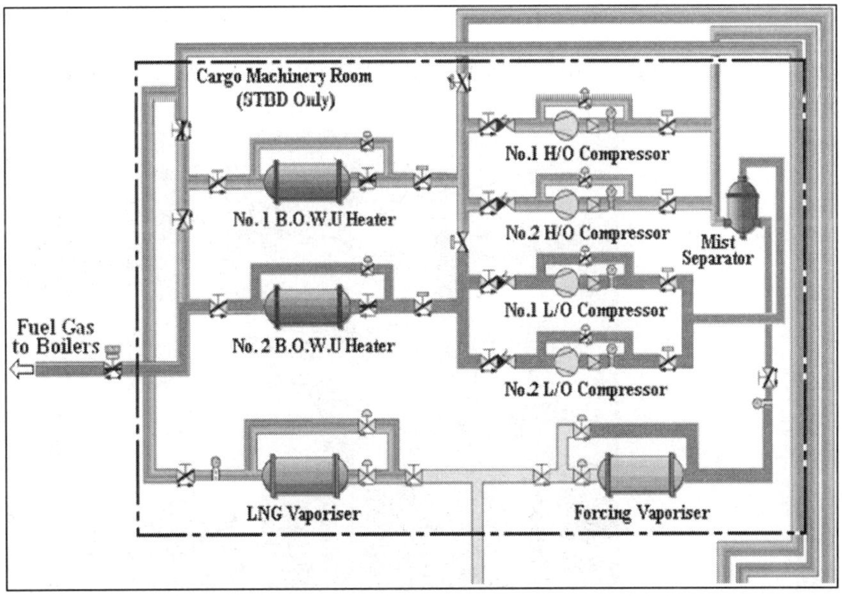

〈그림 3-15 〉 Forcing Vaporizer 계통도

한국 국적 액화천연가스 운반선은 한국가스공사와 체결한 수송계약서상에 Forcing Vapourizer를 특별한 경우를 제외하고는 사용을 엄격하게 금지하고 있어 Total BOG를 시행하고 있지 않으나, 일본 액화천연가스 운반선의 경우 대부분의 LNG 프로젝트에서 Gas Only Mode, 즉 Total BOG 시스템 방식으로 운항을 하고 있다.

8. Boil-off/Warm-up Heater

액화천연가스 운반선에는 통상 2대의 Boil-off/Warm-up Heater가 설치되어 있는데 명칭에도 알 수 있듯이 Boil-off 및 Warm-up의 기능을 수행한다.

Boil-off 및 Warm-up의 기능에 관하여 간단히 살펴보면 다음과 같다.

① Boil-off : 화물 탱크에서 증발하는 Boil-Off Gas(BOG)를 기관실로 보내 보일러의 연료로 사용을 하게 되는데 이때 화물 탱크에서 증발된 가스는 온도가 너무 낮기 때문에 바로 사용이 불가하기에 Low Duty 컴프레서로 흡입하여 Heater에서 가열을 하여 기관실에서 사용하게 된다.

② Warm-up : 입거 작업을 위한 여러 단계의 작업중에 화물 탱크의 내부 온도가 너무 낮아 다른 가스로의 치환이 불가하기 때문에 필요에 따라 화물 탱크 내부의 온도를 높여야 하는데 이때 화물 탱크 내의 차가운 가스를 High Duty 컴프레서로 흡입하여 Heater에서 가열하고, 가열된 가스를 다

〈그림 3-16〉 Boil-off/Warm-up Heater

시 화물 탱크로 돌려보내 서서히 화물 탱크의 온도를 상승시키게 된다.

아울러 Boil-off/Warm-up Heater는 상기에서 설명한 역할 이외에 선박에서 각종 점검중에 발생하는 Boil-off 가스를 대기 방출할 때에도 사용하게 되는데 점검중에 발생한 가스는 상당히 저온이기 때문에 천연가스의 특성상 극저온에서는 공기보다 비중이 높아 자칫 방출구 주변에 천연가스가 남게 되어 폭발의 위험성이 있는바 이를 가열하면 공기보다 비중이 높아지기 때문에 대기 방출 전에 Heater가 사용된다.

9. 선체 가열 시스템

선체 가열 시스템(Hull Heating System)은 Membrane 형태의 액화천연가스 운반선에 있어서면 설치되어 있는 장치이다.

Membrane 액화천연가스 운반선의 화물 탱크의 구조는 화물을 격납하는 화물격납장치와 화물격납장치를 지지하는 지지 구조로 되어 있다. 화물격납장치 즉 화물 탱크 내에 화물을 적재하면 화물과 직접 접촉하는 Membrane의 온도는 액화천연가스의 온도와 같아진다.

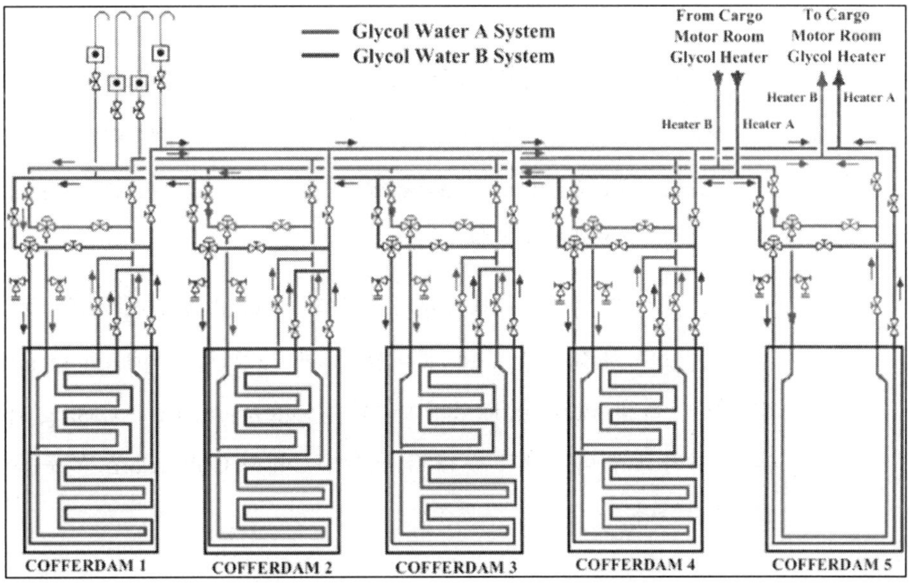

〈그림 3-17〉 Cofferdam 가열 계통도

한편 방열재를 통하여 탱크에서 선체 부재로 냉기가 전해져 화물 탱크 지지 구조인 내부 선체(Inner Hull), Cofferdam, Pipe Casing 부위의 온도는 내려가게 된다. 구획이나 부재의 온도하강 정도는 위치에 따라 다르나, 화물 탱크 양측에서 온도강하가 이루어지는 Cofferdam에서 그 영향이 가장 크고 해수와 접촉하고 있는 밸러스트 탱크 내에서 가장 적으며 그 당시의 대기 온도나 해수온도 등 주위 온도변화에 따라 다르다.

선체 건조 시 직접 화물과 접촉하지 않는 내부 선체의 부재는 극저온 재료가 아닌 일반 강재를 사용하고 있다. 일반 강재는 극저온 상태에서 취성파괴를 일으킨다. 따라서 인접 선체 구조물의 온도를 일정 한도 이상으로 유지하기 위하여 Cofferdam 내에 가열 코일을 설치한다.

〈그림 3-18〉 Glycol 용액 전기 히터

히터(증기 또는 전기히터)에서 가열된 Glycol 용액을 순환시켜 줌으로써 부재의 온도를 유지시켜 주는 설비를 선체 가열 시스템(Hull Heating System)이라 한다. 현재 Membrane 선박에서는 Cofferdam, Pipe Casing 내에 가열 장치를 설치하고 있다. 대기 −18℃ 해수 0℃에서 Cofferdam 온도를 +5℃ 이상으로 유지한다.

10. 불활성 가스 재생기

불활성 가스 재생기(Inert Gas Generator)는 말 그대로 불활성 가스를 재생시키는 장치이다. 하지만 동 장치는 불활성 가스와 더불어 건조한 공기를 재생시키는 역할도 한다.

선박에서 불활성 가스는 여러 용도로 사용이 되는데 특히, 액화천연가스를 운반하는 선박에서는 그 용도 및 역할이 다양하다.

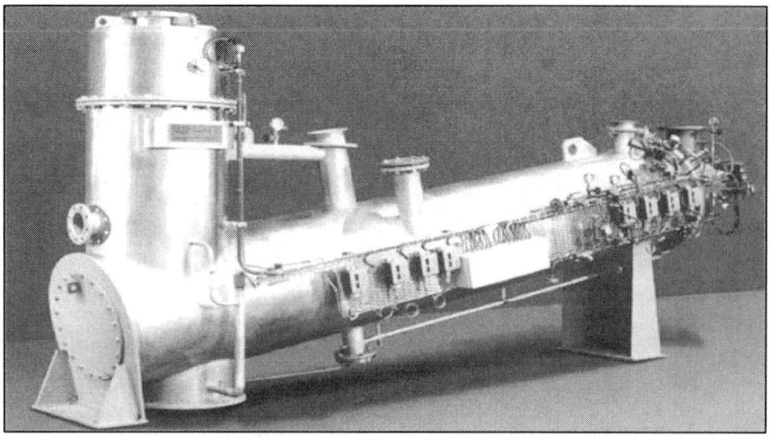

〈그림 3-19〉 불활성 가스 재생기

(1) 불활성 가스 재생기의 용도

우선 불활성 가스 재생기의 용도를 살펴보면 다음과 같다.

① 화물 탱크 내 천연가스 주입 전에 화물 탱크에 건조 공기공급 : 입거 작업이나 화물 탱크 내에 작업을 완료한 후에 선적항에서 액화천연가스를 선적하기 위해서는 화물 탱크의 내부가 아주 건조한 상태와 더불어 불활성 가스로 채워져 있어야 한다. 만약 건조한 상태의 화물 탱크 내부가 유지되지 않는다면 추후에 화물 탱크의 부식과 더불어 결빙이 형성되어 다른 많은 기기들에 손상을 입힐 수 있을 것이다. 이러한 연유로 화물 탱크의 내부를 매우 건조한 상태로 만들어 주어야 하는데, 이때 불활성 가스 재생기를 이용하여 건조한 공기를 일정시간 화물 탱크 내로 주입하면 화물 탱크 내부가 건조한 상태가 된다.

② 건조된 화물 탱크에 천연가스 주입에 앞서 불활성 가스 공급 : 화물 탱크가 건조한 상태로 유지가 된다면 이 후에 불활성 가스를 주입하게 되는데 이는 가연성의 천연가스를 화물 탱크로 주입을 할 때 화물 탱크에 산소가 존재하므로 인하여 폭발의 위험성이 있기 때문이다.

③ 화물 탱크 내 천연가스를 제거하기 위하여 불활성 가스 공급 : 입거를 하기 위한 준비작업의 일환으로 화물 탱크에 천연가스를 제거하기 위하여 불활성 가스를 주입하게 된다. 이는 앞서 언급한 바와 같이 화물 탱크에 존재하는 가연성의 천연가스에 바로 공기를 주입하면 폭발의 위험성이 있기 때문에 공기의 주입작업 전에 화물 탱크에 불활성 가스를 주입하게 된다.

④ 불활성 가스가 주입된 화물 탱크에 건조 공기공급 : 앞서 언급한 화물 탱크에 불활성 가스를 주입한 후에 사람이 화물 탱크로 진입하여 작업할 수 있는 작업환경을 만들어주기 위하여 건조한 공기를 주입해야 한다. 이때 불활성 가스 재생기를 이용하여 건조한 공기를 화물 탱크로 보내게 된다.

⑤ 화물 탱크 주변의 화물 홀드(Cargo Hold)에 화재 시 불활성 가스 공급 : 화물 탱크를 보호하면서 둘러싸고 있는 부분을 화물 홀드라고 하는데, 이러한 장소에는 여러 이유로 화물 탱크로부터의 천연가스 유출이 발생하여 화재의 위험성이 있다하겠다. 만약 이러한 장소에 유출된 천연가스로 인하여 또는 다른 원인으로라도 화재가 발생한다면 불활성 가스를 주입하여 화재를 진압할 수 있다. 아울러 필요하다면 건조한 공기를 주입할 수도 있다.

(2) 불활성 가스 재생기의 구성 및 작동과정

불활성 가스 재생기의 간단한 구성 및 작동과정을 살펴보면 불활성 가스는 독립된 연소장치에서 Light Oil을 연소시켜 만들어지며 질소가 거의 85%인 불활성 가스를 재생시키게 된다.

하지만 연소장치에서 재생된 불활성 가스는 고온상태이므로 이를 냉각시킬 필요가 있는데, Scrubber라는 장치에서 해수를 통해 냉각시키게 된다. 아울러 불활성 가스에 포함되어 있는 연소과정에서 생성된 유황산화물은 Scrubber 냉각과정에서 해수에 씻겨 없어진다.

〈그림 3-20〉 불활성 가스 재생기의 연소장치

하지만 Scrubber를 통한 냉각과정에서 불활성 가스는 수분을 포함하는 수증기의 포화상태가 되기 때문에 이를 바로 사용할 수 없다. 이러한 연유로 불활성 가스에 포함되어 있는 수분은 Scrubber 상부에 설치되어 있는 Demister에서 제거된다.

Demister에서 수분이 다소 제거된 불활성 가스는 다시 활성 Alumina를 사용한 Drier에서 나머지 수분이 흡착 제거되어 Dew Point가 -45℃ 이하인 건조한 불활성 가스가 재생하게 된다.

〈그림 3-21〉 불활성 가스 재생기의 Drier

〈그림 3-22〉 불활성 가스 재생기의 블로어

이렇게 재생된 불활성 가스는 블로어(Blower)를 통해 필요한 장소에 공급이 되게 된다.

11. 질소재생기

질소는 대표적인 불활성 기체로써 이러한 질소를 재생시키는 장치가 질소재생기이다. 질소재생기(N_2 Generator)에서 재생된 질소의 용도를 간단히 살펴보면 다음과 같다.

① 화물 파이프 라인의 퍼징(Pursing) : 액화천연가스 운반선이 항해중에 각종 파이프 라인의 정비를 위해 화물 관련 파이프 라인을 분리하거나 취부작업을 하는 경우 또는 적하·양하작업을 위하여 육상의 파이프 라인과 본선의 파이프 라인을 연결하는 경우 등의 경우에 있어 해당 파이프 라인 내의 천연가스나 공기를 제거하고 질소로 퍼징하게 된다.

② 화물 컴프레서의 그랜드(Gland) 봉입 : 액화천연가스 운반선에는 여러 장비가 설비되어 있는데, 이 중 High Duty 및 Low Duty 컴프레서는 Machinery Room에 설치되어 있고 이러한 컴프레서의 기동의 힘을 제공하는 모터는 별도의 공간(Motor Room)에 설치되어 Shaft로 연결되어 컴프레서를 움직이게 하는데, 이때 컴프레서와 모터를 연결하는 Shaft는 격벽을 관통하게 되는데, 이러한 관통되는 격벽을 통해 가연성 가스의

유입을 막기 위해 질소로써 관통부를 봉입하게 된다.

③ 화물 탱크의 인슐레이션 스페이스 Insulation Space 또는 Annular Space 라고도 함) 불활성화 : Moss 형태의 액화천연가스 운반선의 경우 화물 탱크와 방열재(Insulation) 사이의 공간에 공기와의 접촉을 차단하기 위하여(화물 탱크와 공기가 접촉하면 공기에 포함된 이산화탄소가 응결하여 Dry Ice를 형성하므로 이를 방지해야 함) 화물 탱크 Annular Space에 지속적으로 질소 가스를 공급한다. 아울러 이러한 Annular Space는 화물 탱크의 Cool-down(입거 작업 혹은 장기대기로 인하여 탱크의 온도가 상당히 상승한 상태에서 극저온의 Vapor를 분무하여 탱크를 냉각하는 작업) 작업의 경우에는 화물 탱크가 냉각으로 인해 급격히 수축하므로 이때에는 다량의 질소 가스가 공급되어야 한다.

④ 기관실 가스 파이프 라인의 퍼징(Pursing) : 화물 탱크에서 발생된 BOG를 기관실의 연료로 사용하기 위하여 기관실에 있는 가스 연소 라인을 통하여 보내게 되는데, 이러한 파이프 라인을 수리하거나 사용하기 전 또는 후에 질소 가스로 퍼징을 하여야 한다.

⑤ Vent Riser 화재진압 : 여러 원인으로 인하여 Vent Riser를 통한 천연가스의 배출이 이루어지면서 화재가 발생할 경우 이를 진압하기 위하여 질소를 공급하게 된다.

⑥ GT Type 비상 화물 펌프의 퍼징(Pursing) : 멤브레인(GT Type) 액화천연가스 운반선의 경우 앞서 언급한 바 있는 비상 화물 펌프를 화물 탱크에 설치할 경우가 있는데 이때 화물 펌프를 진입시키는 장소의 퍼징을 위해 질소를 공급하게 된다.

이러한 질소재생기의 질소 재상원리를 간단히 살펴보면 대기 중에는 78%의 질소, 21%의 산소와 기타 1%의 가스들로 구성되어 있다. 각각의 가스들은 Membrane을 통과하면서 용해되고 확산되는 능력의 기능인 특정한 투과율을 가지고 있다. 이 특성은 질소와 같은 “Slow Gas”로부터 산소와 같은 “Fast Gas”를 분리하게 한다.

〈그림 3-23〉 질소재생기

12. Custody Transfer System

액화천연가스의 상업적 거래는 열량(BTU)으로 이루어지며 열량의 계산은 적 · 양하 작업중에 샘플링(Sampling)을 실시하여 판매자, 구매자 및 Surveyor의 입회 및 동의하에 실험실에서 가스의 평균열량을 구하게 된다.

본선에서는 액화천연가스의 화물 탱크 내 액면 높이, 온도, 압력 및 Vapour 온도를 계측하여 총 부피를 측정하여 가격을 결정하게 되는데 이러한 수치들을 측정하는 장치가 CTS(Custody Transfer System)다.

CTS는 액화천연가스의 정확한 체적을 계측하는 장치로 액화천연가스 개발 프로젝트는 장기간의 운송계약이니만큼 본선 화물량의 정확한 계산이 무엇보다도 중요하고 또한 이는 당사자 간에 이해관계가 첨예하게 걸린 문제로 본선 계측장비에 의한 정확성, 신뢰도 및 합의에 의한 승인이 반드시 필요하고 매우 중요하다.

이러한 CTS는 여러 장치들로 구성되어 있는데 크게 나눠 화물의 액면 레벨을 측정할 수 있는 장치, 화물 탱크의 온도를 측정할 수 있는 장치, 화물 탱크의 압력을 측정할 수 있는 장치, 독립적으로 작동되는 알람 장치 및 중앙처리 장치 등으로 구성되어 있다.

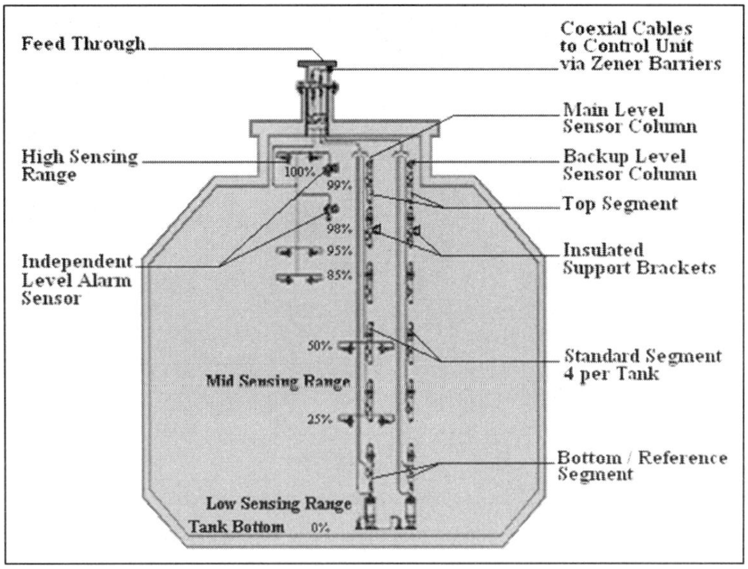

〈그림 3-24〉 CTS의 구성

CTS의 주요 장치들에 관하여 간단히 살펴보면 다음과 같다.

(1) 정전용량식 액면계

화물 탱크 바닥에서부터 꼭대기까지 총 7~8개의 세그먼트(Segment)로 구성되어 있으며, 해당 Segment에 액화천연가스가 채워지면 정전용량 수치값을 CACC(화물 통제실)로 보내어 레벨(Level)로 환산하여 모니터에 표시하게 된다.

Level을 구하는 방법을 살펴보면 각 Segment는 내통과 외통으로 구성되어 있고 화물이 상승 혹은 하강함에 따라 내통과 외통 사이의 정전용량(전기를 저장할 수 있는 공간)의 차이가 발생하는데 이 값을 환산하여 화물 레벨을 구하는 방식이다. 즉 탱크 내의 화물 레벨이 바뀌면 Segments의 정전용량도 화물 레벨의 변경에 비례하여 즉시 바뀌게 된다.

가장 바닥에 있는 Segment와 가장 상부에 설치되어 있는 Segment에는 Level Alarm Sensor가 추가로 설치된다. 이러한 액면계는 만약의 작동 불가상태에 대비하여 보조 액면계가 같이 설치되어 있다.

〈그림 3-25〉 화물 탱크 내에 CTS Segment

(2) 온도측정장치

CTS 구성장치 중에 화물 탱크 내부의 온도를 측정하기 위하여 온도 센서가 설치되어 있는데 일반적으로 각 화물 탱크에 6개의 온도 센서가 있다. 또한 이러한 6개의 온도 센서와 더불어 보조(Back-up)용으로 별도로 6개의 온도 센서가 추가 설치되어 온도를 측정한다.

〈그림 3-26〉 CTS 온도 센서

(3) 압력측정장치

화물 탱크의 압력을 측정하기 위하여 탱크 내부에는 압력측정 센서가 설치되어 있다. 이러한 압력측정 센서는 화물 탱크 내부의 절대압력을 측정하게 된다.

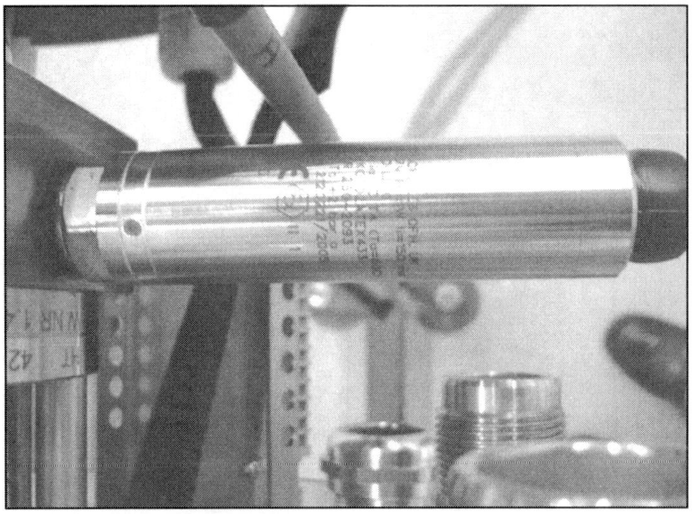

〈그림 3-27〉 CTS 압력측정 센서

(4) 독립적 알람 장치

액화천연가스 운반선의 선적작업에 있어서 화물선적량은 거의 화물 탱크에 Full로 선적을 하게 되는데 자칫 실수나 오작동에 의하여 화물을 초과 선적하게 되면, 화물이 화물 탱크에 넘치게 되어 위험한 상황을 초래할 수 있기 때문에 안전한 화물선적을 위하여 독립적인 알람 장치가 설치되어 있다.

이러한 알람 장치는 몇 단계로 분류되어 작동이 되는데 우선 화물 탱크의 미리 설정한 특정 높이까지 화물이 선적이 되면 'High Level' 알람이 발생을 하고, 98.6%(Moss Type은 99%) 높이에 이르면 더 이상의 선적을 막기 위하여 화물 탱크로의 화물 유입되는 파이프 라인에 설치되어 있는 밸브(일명 Filling Valve)를 자동으로 폐쇄시키며 만약에 99%(Moss Type은 99.4%)에 이르게 되면 비상 차단장치(ESD : Emergency Shut-Down)가 작동을 하게 된다.

(5) Float Level Gauge

Float level gauge는 일반적으로 원유 운반선이나 일반 화물선의 밸러스트 탱크 레벨 측정을 위한 장치로 많이 사용되어 왔다. 그러나 액화천연가스 운반선에 사용하기 위해서는 온도변화에 의한 수축, 팽창정도와 가스의 누설 등의 고려해야 할 문제들이 많이 있다. 이를 보완하기 위해서 Invar Tape를 사용하며 CTS의 정전용량식 액면계(Level Sensor)가 고장났을 경우에 Back-up용으로 사용하기 위해서 설치되어 있다.

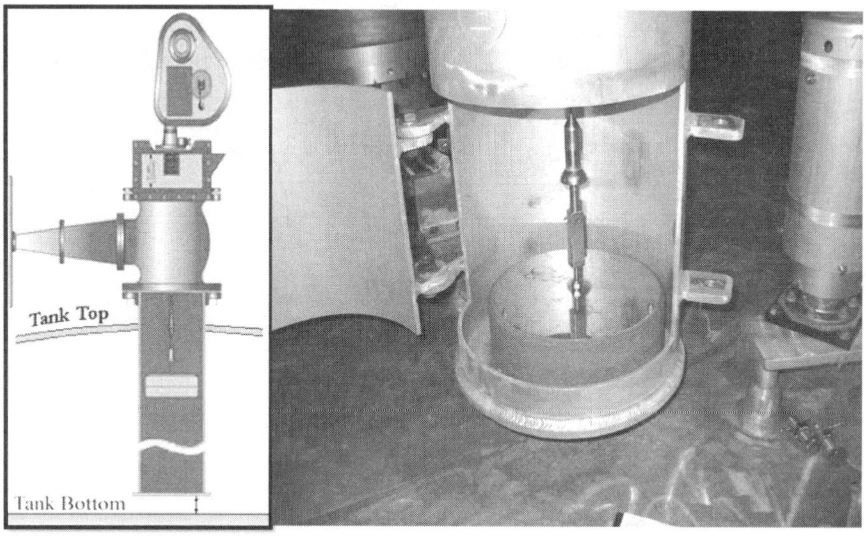

〈그림 3-28〉 Float Level Gauge

13. 비상 차단장치

비상 차단장치(ESDS : Emergency Shut-Down System)는 화물의 이송 특히 적하·양하작업중 여러 가지 원인에 의하여 선박 또는 육상의 설비에 이상이 발생하였을 때 각종 화물 관련 기기를 정지시키고 관련 밸브들을 차단시킴으로써 화물의 흐름을 즉시 정지시키는 장치이다.

(1) 비상 차단장치에 의해 작동되는 기기와 밸브

비상 차단장치가 작동되었을 경우에 정지되는 기기와 밸브를 살펴보면 다음과 같다.

① 화물 펌프
② 스프레이 펌프
③ High Duty 컴프레서
④ Low Duty 컴프레서
⑤ 비상 화물 펌프
⑥ Manifold 밸브
⑦ BOG Master 밸브

비상 차단장치의 작동은 선내 여러 장소에 설치되어 있는 수동 작동 스위치를 눌러서 수동으로 작동시킬 수 있으며 이 장치가 실행될 수 있는 여러 가지 조건들 중 어느 한 가지만이라도 충족이 되면 자동으로 작동된다.

〈그림 3-29〉 화물통제실의 수동 비상 차단장치

(2) 비상 차단장치의 작동조건

일반적으로 비상 차단장치가 작동되는 조건들을 살펴보면 다음과 같다.

① Fusible Fuse의 단선 : 화물이 취급되는 화물 탱크나 화물 기기룸 및 육

상 연결부 등의 장소에 설치되어 있는 Fusible Fuse가 화재의 의해서 녹아 단선이 되면 비상 차단장치가 작동하게 된다.

② 화물 탱크의 독립적 High-High 레벨 알람 : 앞서 언급한 바와 같이 화물 선적 작업중에 화물이 화물 탱크에 99%에 이르게 되면 비상 차단장치가 작동하게 된다.

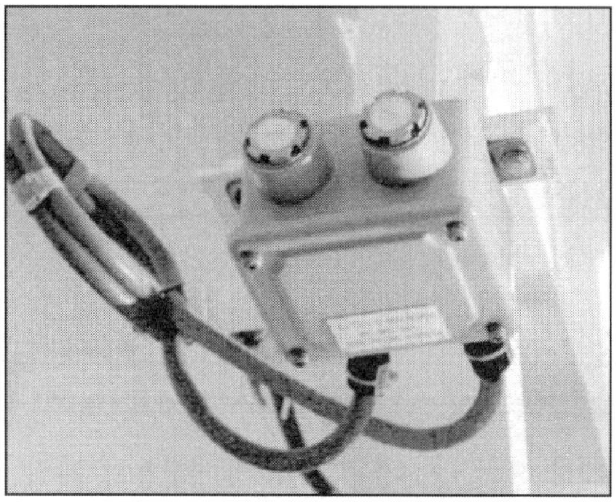

〈그림 3-30〉 Fusible Fuse

③ Control 공기압 저하 : 육상과 본선의 비상 신호처리를 위해 설치되어 있는 Control 라인의 공기압이 일정한 수치 이하로 떨어지면 비상 차단장치가 작동하게 되는데 설정된 Control 공기압은 항구마다 다소 다르다.

④ Pneumatic link의 공기압 저하 : 선박과 육상 간에는 접안 시 공기 라인을 연결하는데 이 공기 라인은 비상 차단장치용 솔레노이드 밸브(Solenoid Valve)와 연계가 되어 있어, 만약 이 솔레노이드 밸브가 이상작동으로 작동이 되어 공기 라인에 유지되고 있는 압력이 공기의 대기 방출로 하강된다면 비상 차단장치가 작동된다.

⑤ 화물취급이 사용되는 주요한 파이프 라인에 설치되어 있는 밸브용 유압 압력저하 : 액화천연가스 운반선의 화물구역에서 사용되는 모든 밸브들을 작동시키기 위한 힘을 제공하는 유압장치의 공급 압력을 말하는 것으로 만약 이러한 유압장치의 압력이 낮게 되면 필요에 따라 밸브를 적절하게 제어할 수 없는 결과를 가져올 수 있기 때문에 선박에 있어서 대단히 중요한 부분이라 할 수 있다. 이러한 연유로 만약 유압장치의 압력이

일정 이하로 떨어지게 되면 비상 차단장치가 작동하게 된다.

⑥ 선박 전원의 공급상실 : 일반적으로 선박에서 말하는 선박 전원의 공급상실 상태인 Blackout이 된 경우에도 비상 차단장치가 작동하게 되는데, 기관실에서 발전기 자동 통제 패널에서 Blackout 신호가 발생하면 약 5초 후에 비상 차단장치가 작동한다.

⑦ 육상 측으로부터의 비상 차단장치 작동신호 : 일반적으로 선박이 접안을 하게 되면 육상 측과 몇 가닥의 케이블을 연결하게 되는데 그 중에서 비상 차단장치에 관련된 케이블도 포함되게 된다. 이러한 비상 차단장치용 케이블은 본선에서 비상 차단장치를 작동했을 경우에 육상 측으로 신호를 보내는 역할도 하지만 육상측에서 문제가 발생했을 경우도 육상측에서 본선으로 신호를 보내는 역할을 하기 때문에 육상측에 무슨 문제가 발생했을 경우에 비상 차단장치를 작동시키면 본선도 그 신호를 받아 본선의 비상 차단장치가 작동을 하게 된다.

⑧ Low-low 압력차(화물 탱크와 Primary Insulation Space 사이의 압력차) : 화물 탱크의 압력과 Primary Insulation Space의 압력차 0mbar 이하인 경우, 즉 화물 탱크의 압력 ≦ Primary Insulation Space의 압력인 경우에 비상 차단장치가 작동한다. 또한 Vapor Header와 Primary Insulation Space의 N_2 Header 사이의 압력차가 0mbar 이하인 경우, 즉 Vapor Header 압력 ≦ Primary Insulation Space의 N_2 Header 압력인 경우에도 비상 차단장치가 작동을 한다. 아울러 Vapor Header와 대기압 사이의 압력차가 3mbar 이하인 경우, 즉 Vapor1 Header의 압력 ≦ 대기압+3mbar 이하인 경우도 비상 차단장치가 작동을 한다.

14. 가스 탐지장치

액화천연가스나 Vapor 누출 시에 조기 발견은 피해를 줄일 수 있는 최선의 방법일 것이다. 하지만 이러한 액화천연가스나 Vapor의 누출이 시각적으로 쉽게 확인이 가능한 장소, 즉 외부 갑판상과 같은 곳에서 발생한다면 조기 발견이 가능하겠지만 그렇지 못한 여러 구역이 액화천연가스 운반선에 존재하고 있다.

시각적으로 쉽게 확인이 불가한 대표적인 구역의 예로는 Machinery Space, Vent Mast, Cargo Hold(Moss type), Primary & Secondary Barrier Space(Membrane type) 등이 있다.

물론 앞에서 언급된 구역들은 주기적으로 점검을 통하여 액화천연가스나 Vapor의 누출여부를 확인하고 있다.

문제는 이러한 구역들은 실시간 계속적인 점검을 하지 않는 이상 액화천연가스나 Vapor의 누출에 대한 조기 발견이 어렵다는 점이다. 이러한 문제점을 보완하기 위하여 실시간 해당 구역의 액화천연가스나 Vapor의 누출 여부를 확인할 수 있는 방법이 필요하게 되었고, 그 일환으로 가스 탐지장치(Gas Detection System)가 설치되게 되었다.

이러한 가스 탐지장치는 고정되어 있어 실시간 탐지가 가능하고, 더불어 필요에 따라서는 휴대용 가스 탐지기를 사용할 수도 있다.

고정식 가스 탐지장치의 일반적인 작동원리를 간단히 살펴보면 연소성 가스, 즉 여기에서는 액화천연가스에 관련되기 때문에 지역마다 액화천연가스의 구성성분은 다소 다르지만 그 주성분이 메탄인 점을 감안하여 메탄의 검침을 기준으로 하게 되는데 이러한 메탄은 공기 중 일정 농도의 범위 안에서 폭발성을 가지는데 그 하한치를 LEL(Lower Explosion Limit), 그 상한치를 UEL (Upper Explosion Limit)이라고 한다.

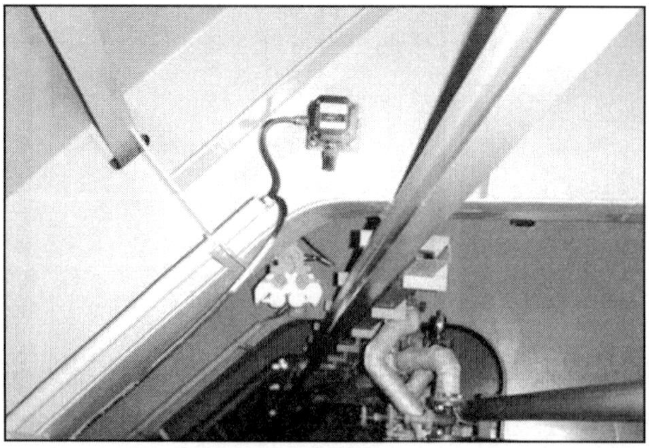

〈그림 3-31〉 가스 검침부

메탄의 경우를 살펴보면 공기 중 체적(Volume)에 대한 LEL=5%, UEL=15%가 되며 이것은 연소성 가스의 고유치가 된다. 즉 5%~15% 범위를 메탄가스의 폭발범위라고 할 수 있다. 그 중 하한치(LEL)인 공기 중 체적의 5%를 다시 100%로 환산한 뒤 이를 30%와 60%로 구분하여 가스의 누설여부를 확인할 수 있도록 알람을 설정하여 두면 해당 설정치에 메탄 성분이 검출된다면 알람을 발하게 된다. 이러한 고정식 가스 탐지장치의 주요 구성부는 다음과 같다.

① 가스 검침부(Gas Sampling Point) : 고정식 가스 탐지장치 중에 앞에서 언급했던 여러 구역에 가스의 누출 여부를 검침하기 위하여 가스를 유입하는 부분이다.

② Stop 밸브 박스 : 거주 구역 인근에 설치되어 있는 설비로 누설된 가스가 아래의 가스 검침 캐비넷으로 유입되는 것을 차단하는 역할을 한다.

〈그림 3-32〉 Stop 밸브 박스 내부

③ 가스 검침 캐비넷(Gas Detection Cabinet) : 화물통제실에 설치되어 있으며 가스 검침부의 가스 농도측정 및 알람을 감시하는 핵심부이다.

④ 안전장치 : 불꽃 저지기(Flame Screen)가 분석 캐비넷의 각 검침 라인에 설치되며 불꽃의 침입을 막는 역할을 한다.

⑤ 샘플링 펌프 및 바이패스 펌프 : 주 캐비넷 내부에 설치되어 있으며 각 검침부로부터 검침한 가스를 흡입하여 가스 분석기로 보내는 역할을 한다.

〈그림 3-33〉 주 캐비넷의 가스 감시부

15. 재액화장치

최근에 건조되고 있는 액화천연가스 운반선 중에는 재액화장치(Re-quafaction System)가 설치되어있는 경우가 있다. 기존에는 액화천연가스에서 발생하는 BOG를 재액화하는데 비용이 너무 많이 들기 때문에 액화천연가스를 운반하면서 발생하는 BOG를 선박의 연료로 사용하도록 하였다. 이러한 BOG를 선박의 연료로 처리하기 위하여 추진기관은 Turbine Engine으로 설비되었다. 하지만 최근 이러한 관점에 대한 변화가 발생하여 재액화장치를 선박에 탑재하고 있다.

(1) 재액화장치의 설치배경

이러한 재액화장치의 설치로 선박건조의 변경에는 다음의 배경이 있었기 때문이다.

① 세계 여러 국가의 자원 수요의 변화로 인한 액화천연가스 수요의 증가로 액화천연가스 운반선의 신조 증가

② 현재 운항중인 액화천연가스 운반선을 제외한 거의 대부분의 선박은 Diesel Engine을 탑재한 선박인데 반해 급격하게 증가하고 있는 액화천연가스 운반선의 BOG를 기존대로 연료로 사용하려면 Turbine Engine을 장착하게 될 것인데 이럴 경우 Turbine선을 운용할 수 있는 운용자의

부족이 예상

③ Turbine Engine의 낮은 효율

④ 액화천연가스의 세계적인 수요가 증가하면서 액화천연가스의 가치가 증가하고 있는데 고가의 액화천연가스를 BOG로써 연료로 사용하는 것에 대한 제고

⑤ 액화천연가스 수요의 증가로 인한 액화천연가스 운반선의 대형화를 요구하게 되었고, 이러한 대형 액화천연가스 운반선의 추진을 위한 강력한 추진력 Engine 필요성이 대두

이러한 재액화장치의 작동원리를 간단히 살펴보면 운송중에 자연증발이나 기타 화물 탱크 냉각작업으로 발생하는 BOG를 압축, 냉각하고, 최종적으로 액화천연가스로 재액화하기 위해 응축기로 보낸다. 이러한 응축기는 냉각, 응축을 위해 냉열을 공급하는 장치인 질소순환장치로 구성되어 있는데, 질소순환장치는 다시 냉열을 공급하기 위하여 몇 단계의 가압냉각과 팽창의 과정을 거치게 되어 있다. 질소를 가압냉각기에 통과시켜 고압의 질소 가스를 만든 후 열교환기에 통과시켜 고압의 질소를 냉각시킨다.

이렇게 고압인 상태의 냉각질소 가스를 단열 팽창시켜 저압의 초저온 질소가스를 생성시켜 위와 같이 팽창기를 거쳐 생성된 저압의 초저온 질소 가스가 응축기에서 압축된 BOG를 응축시키면서 냉열을 공급하게 된다.

(2) 재액화공정

천연가스의 재액화, 즉 응축공정을 그림을 통해 살펴보면 〈그림 3-34〉와 같다.

① 화물 탱크로부터 공급된 BOG가 BOG 컴프레서를 걸쳐 약 4~5bar까지 압력이 상승한다.

② 압축된 BOG는 Cold Box로 이동을 해서 초저온의 N_2의 냉열로 인하여 응축이 된다.

③ 이렇게 Cold Box에서 응축된 액화천연가스는 Separator로 모이게 되고, 이렇게 모인 액화천연가스는 다시 화물 탱크로 보내지게 된다.

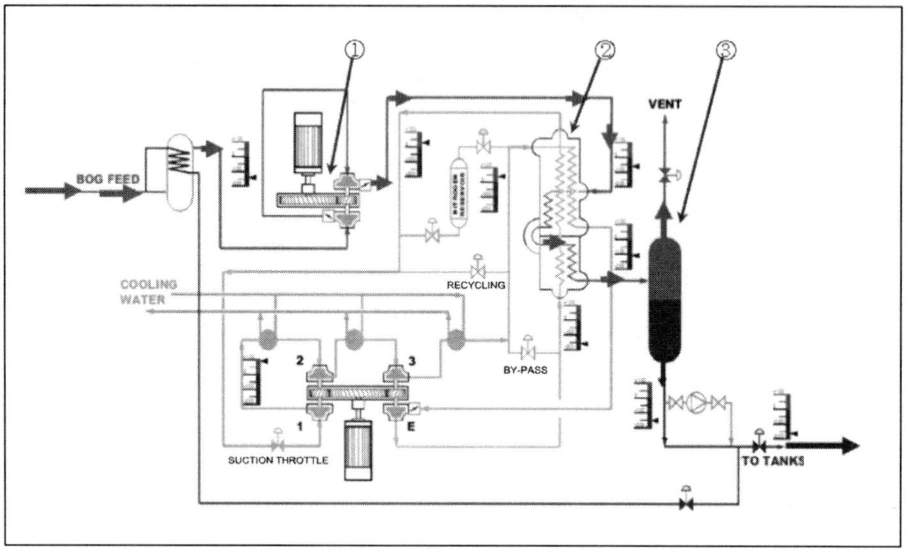

〈그림 3-34〉 BOG 응축공정

16. Integrated Automation System

액화천연가스 운반선에서 채택하고 있는 IAS(Integrated Automation System)는 집적자동 시스템으로 불리는 것으로 액화천연가스 운반선의 하역 및 기기 운용체계를 집적, 하나의 체계로 모아 화물통제실(일명 CACC : Centralized Administration Control Center)에서 거의 모든 조작을(Engine System을 포함) 할 수 있도록 한 시스템이다. 이 종합시스템은 하나의 시스템이 문제가 발생하여도 다른 시스템으로 이를 대체할 수 있고 문제가 발생한 체계가 정상인 다른 시스템에 영향을 미치지 않은 특징을 가지고 있다.

액화천연가스 운반선의 경우, 화물의 성질, 선박의 중요성으로 인해 고도의 안정성이 요구되는 선박으로써 이의 운용체계는 어느 것보다도 신뢰성이 요구된다 할 것이다. 이러한 요구에 부응하여 개발된 시스템이 IAS인 것이다. 이러한 IAS가 가지고 있는 기능은 여러 가지가 있을 수 있으나 간단히 주요 기능을 살펴보면 다음과 같다.

① 시스템 감시 : IAS가 정상적으로 작동되고 있는지를 감시하는 자가진단 및 감시기능을 수행한다.

② 시스템 통제 조작 및 운영 : Control Panel에서 여러 가지 조작을 동시에 할 수 있는 기능으로 예를 들면 한쪽에서는 화물 펌프를 기동하고, 다른 한쪽에서는 High Duty 컴프레서를 기동시킬 수 있거나 탱크 압력을 감시할 수 있는 기능을 수행할 수 있다.

③ 알람 통제, 정리 및 인지 : 작동 중 혹은 감시중에 발생되는 여러 가지 알람 등을 알려주고, 이러한 알람들을 정리하며 인지하는 기능을 수행한다.

④ 데이터 기록 및 지속적 추적 : 미리 지정되어 있어서 출력해야 하는 모든 데이터를 기록하고 지속적으로 나타내주는 기능으로 이를테면 화물 펌프의 양하 압력값은 지속적으로 기록되고 변동치를 30분, 1시간, 12시간, 24시간 단위 등으로 임으로 정하여 추적(Trending)할 수 있는 기능을 수행한다.

⑤ 장비 간 데이터 통신 : IAS는 관련 여러 장비와 연결되어 있어 이들 장비와 데이터를 주고받을 수 있다.

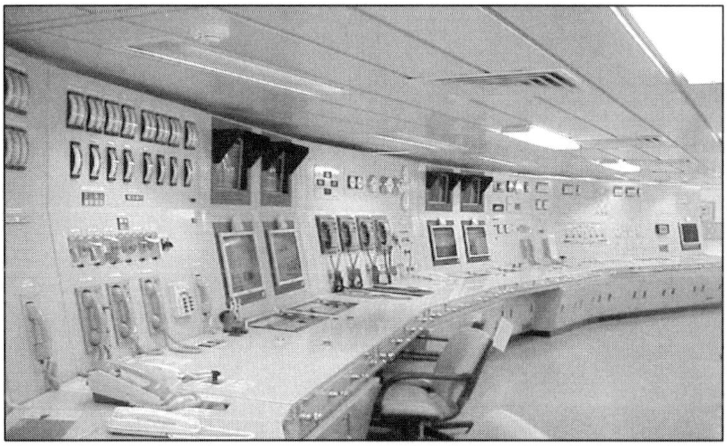

〈그림 3-35〉 화물통제실

⑥ 확장 알람 : IAS에서 발생되는 알람을 화물통제실(CACC)뿐만 아니라 필요에 따라 모든 구역에 알람을 발할 수 있는(일명 Extension Alarm) 기능이 있다.

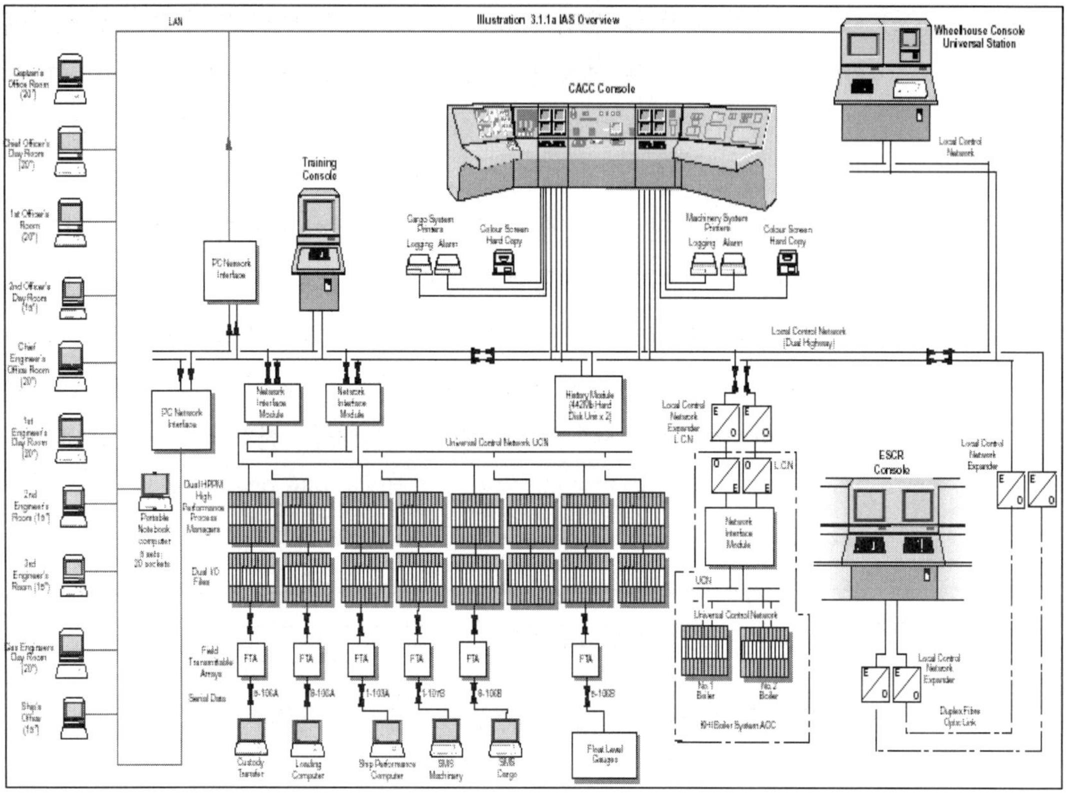

〈그림 3-36〉 IAS 계통도

⑦ 운영 계획 및 통제 : IAS상에서 동작을 계획하고 실행할 수 있는 기능으로써 예를 들자면 액화천연가스의 선적 작업을 앞두고 지정된 순서에 따라서 미리 계획을 수립하여 지정된 값을 입력하면 이에 따라 작업을 자동적으로(Sequence) 시행하는 기능이다.

⑧ 데이터 출력 : 모든 데이터는 LAN으로 연결된 모든 PC로 출력이 가능하다.

02 안전설비

화물을 운송하는 선박에는 많은 안전설비를 구비하고 있는데 특히, 위험화물이라고 할 수 있는 액화천연가스를 운반하는 선박에는 그 특성상 더욱 강화된 안전설비들이 구비되어 있다.

액화천연가스에 설비되어 있는 안전설비(Safety Equipment)들은 크게 두 분류로 나눌 수가 있는데, 그 분류의 하나는 액화천연가스나 천연가스가 누출되었을 경우에 대비한 안전설비이고 다른 하나는 화재가 발생했을 경우에 대비한 안전설비이다.

1. 액화천연가스 및 천연가스의 누출에 대비한 안전설비

액화천연가스 및 Vapor의 누출은 크게 규모에 따라 분류할 수 있다. 소규모적 누출은 주로 플랜지나 밸브 및 각종 팩킹으로부터 주로 발생하고, 대규모적 누출은 각종 파이프 라인의 파공이나 화물 적하 · 양하 중의 Overflow로 인해 발생한다고 할 수 있다.

액화천연가스나 Vapor의 누출에 따른 가장 큰 문제는 취성파괴와 화재의 발생가능성이라고 말할 수 있겠다. 화재의 발생가능성에 관해서는 화재에 관한 안전설비 부분에서 다룰 것이고, 여기서는 취성파괴에 관하여 그리고 취성파괴를 막기 위한 설비에 관하여 다룰 것이다.

액화천연가스 운반선은 다른 선박들과는 달리 극저온의 액화천연가스를 운반하기 때문에 화물의 특성에 맞게 특수한 금속으로 설계가 되어 있다. 하지만 선박 전체가 특수한 금속으로 이루어질 수는 없어 액화천연가스를 적하 · 양하하고, 운반하는데 직접적으로 사용되고, 액화천연가스나 Vapor에 직접적으로 접촉되는 부분에 한하여 특수 재질의 금속으로 설계된다.

이러한 이유로 만약 예상치 못한 극저온의 액화천연가스나 Vapor가 누출되어 특수 재질의 금속으로 설계되지 않은 선체에 접촉이 발생하게 된다면 취성파괴의 위험성에 처해질 것이다.

금속의 취성파괴란 일반적으로 대부분의 금속은 온도가 0°C 이하로 갑작스

럽게 온도가 하강하면 균열하기 쉬운 상태로 변하게 되며, 이러한 상태에서 충격이 가해진다면 쉽게 파괴가 되는데 이러한 현상을 취성파괴(brittle fracture)라고 한다.

액화천연가스나 Vapor의 누출로 인한 취성파괴의 위험성과 더불어 또 하나의 피해로는 작업자의 액화천연가스나 Vapor의 접촉이라고 말할 수 있겠다.

일반적으로 액화천연가스는 무색무취에 무독성이라고 하지만 극저온이라는 특성만을 감안하더라도 인체에 접촉은 위해할 것이다. 위해성 중에 가장 큰 것은 동상이라고 할 수 있겠다.

(1) Water Curtain

선박은 적하 · 양하를 하기 위하여 항구에 입항하고, 해당 부두에 접안을 하여 적하 · 양하를 하기 위하여 육상 측의 파이프 라인과 본선 측의 파이프 라인을 연결하게 되는데 이러한 육상 측과 본선 측의 파이프 라인이 연결되는 부분이 Manifold이다.

Manifold는 이러한 특성상 다른 파이프 라인과는 달리 수시로 연결이 이루어지는 부분으로 가장 액화천연가스의 누출 가능이 높은 지역이라고 할 수 있겠다. 어떠한 이유로 대량의 액화천연가스가 누출이 된다는 상황에도 대비가 되어 있어야 할 것이다. 만약 앞에서 언급했듯이 대량의 액화천연가스가 누출되게 되면 누출된 액화천연가스는 선외로 흘러 나가게 될 것이다.

〈그림 3-37〉 Manifold

이때 극저온의 액화천연가스가 선박의 외측 선체(Side Hull)를 타고 흐른다면 앞서 설명했던 바와 같이 외측선체는 취성파괴의 위험성에 노출되게 된다. 이러한 위험성을 막기 위하여 앞서 언급했던 액화천연가스의 특성인 물과의 희석이 되지 않는 성질을 이용해 누출된 액화천연가스가 선외로 흐를 때에 외측선체에 접촉되지 않도록 해당 지역에 물을 계속적으로 분사하게 된다.

선체의 액화천연가스의 접촉을 차단한다는 의미에서 일련의 물분사를 Water Curtain이라 하고 있다. Water Curtain은 적하 · 양하가 시작되기 전부터 작동이 되고 있어야 하며, 모든 작업이 완료되고 육상 측과의 연결부가 완전히 제거될 때까지 유지가 되어야 한다.

일반적으로 Water Curtain은 선박의 Fire and Deck Wash System의 일부분으로 Fire Pump나 General Service Pump 중의 하나를 기동하면 즉시 사용이 가능하다.

〈그림 3-38〉 Manifold의 Water Curtain

(2) PERC 장치

PERC 장치란 'Powered Emergency Release Couplings 장치'로 일명 ESDS 2라고도 한다. 이 장치는 본선의 장치가 아닌 육상 설비의 장치로 비상시에 사용될 수 있도록 설치되었다.

기본적으로 육상의 Loading Arm 또는 Chicsan Arm이라고 하는 부분에 설치되는데 육상측의 Loading Arm은 본선측과 연결되는 부분의 약간 상부에 Duble Ball Valve가 설치되어 있어 이 부분을 PERC이라고 한다.

원칙적으로 앞서 설명한 본선 및 육상측의 이상현상이나 위험요소 발생으로 비상 차단장치를 작동시키거나 작동이 되었을 경우에 본선 측의 각종 장비들의 정지 및 차단과 더불어 육상 측에서도 이 Double Ball Valve가 일차적으로 차단된다. 그러나 이러한 비상 차단장치의 작동으로 인한 Double Ball Valve의 차단이 PERC 장치의 작동을 의미하지는 않는다.

액화천연가스 운반선이 부두에 접안을 하여 적하 · 양하를 시행하는데 부두에 접안 중에는 여러 가지 외력에 의해서 선박이 움직이게 되는데 이러한 움직임이란 그 크기에 차이가 있겠지만 항상 선박이 움직이고 있다고 말할 수 있다. 이러한 연유로 액화천연가스 운반선에서는 부두에 접안을 하여 적하 · 양하를 하는 동안 가능하면 이러한 외적 요소에 의한 선박의 움직임을 최소화하기 위하여 신축성이 적은 계류색을 사용하여 접안을 하게 된다.

하지만 이러한 계류색이 모든 상황에서의 선박의 움직임을 차단할 수 있는 것은 아니며, 액화천연가스 운반선이 접안하고 있는 부두에서는 여러 가지 외적 요소로 강풍, 돌풍, 조석 또는 잘못된 계류색 조정작업 등으로 인하여 선박의 움직임이 상당량 발생할 수 있을 것이다.

〈그림 3-39〉 Loading Arm

만약 이러한 선박의 움직임으로 인하여 본선과 육상 측의 연결부에 무슨 이상이 발생하여 분리되거나 끊어진다면 이는 엄청난 양의 액화천연가스의 누출이라는 결과를 초래하여 대형 피해를 발생시킬 수도 있을 것이다. 이러한 위험성에 대처하기 위하여 선박과 육상 측과는 여러 가지의 안전조치와 절차를 가지고 있는데, 그 중에 하나가 본 장치인 PERC 장치이다.

선박과 육상 측의 연결부, 특히 육상의 Loading Arm은 여러 가지 원인으로 인한 선박의 움직임에 어느 정도 안전하도록 설계가 되어 있다. 하지만 수용한계를 넘어서는 움직임에는 분명 무슨 이상현상으로 앞서 언급한 바와 같이 분리되거나 끊어지는 등의 위험상황이 발생할 수가 있을 것이다. 이러한 위험상황을 막기 위하여 앞서 설명한 Loading Arm에 설치되어 있는 Double Ball Valve가 비상 시에 수동 또는 자동으로 폐쇄되면서 분리가 되게 되는데 이것을 PERC 장치라고 한다.

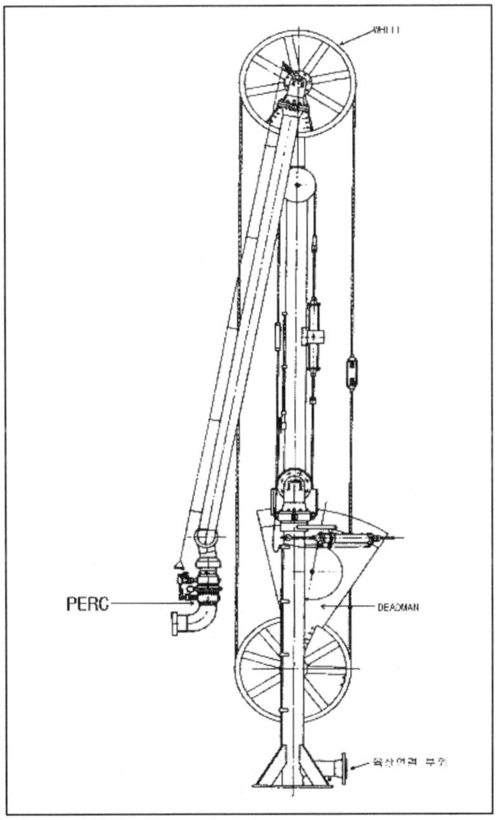

〈그림 3-40〉 PERC 장치

(3) 개인 보호장구

액화천연가스 운반선은 국제규칙 중에 하나인 'IGC Code(International Code for the Construction and Equipment of Ships Carrying Liquified Gases in Bulk)'에 의거하여 모든 규정을 만족시켜야 하는데, 그 중에 하나인 개인 보호장구에 관하여 다음과 같이 규정하고 있다.

① 보호장비 : IGC Code에 의해 화물의 특성을 고려한 장비를 갖추게 되어 있는데, 액화천연가스 운반선의 경우 액화천연가스는 극저온의 화물이라는 점을 감안하여 눈을 보호할 수 있는 장비를 포함한 적하 · 양하 시에 종사하고 있는 모든 승무원을 위한 적절한 보호장비를 갖춰야 한다.

② 안전장비 : 선박에서 화재에 대비하여 설비되어 있는 자장식 호흡장치를 포함한 소방원장구와 유사한 장비를 말하는 것으로 액화가스를 운반하는 선박에서는 기본적으로 타 선종의 선박에서 기본적으로 설비하고 있는 소방원장구에 추가하여 다음과 같은 조건을 만족하는 안전장비를 최소 2set 이상 비치하여야 한다.

- 최소 1,200liters 이상 공기가 채워진 자장식 호흡장치
- 보호복, 보호장화, 보호장갑 및 밀착하여 착용할 수 있는 보호안경
- 철로 가닥을 이룬 벨트를 가진 구조 라인
- 방폭형 램프

또한 위의 장비와 더불어 압축공기의 적절한 공급이 이루어질 수 있도록 되어야 하며, 다음 중에 하나는 충족되어야 한다.

- 각각의 호흡장비에 대한 완전히 압축공기가 채워진 예비 압축공기통과 요구되는 순도의 고압축 공기의 공급에 적절한 공기압축기를 비롯해서 충분한 여분의 호흡장치의 공기통에 공기를 주입할 수 있는 주입기
- 각각의 호흡장비에 대하여 최소 6,000 liters 이상의 공기에 상응하는 예비 공기통

이러한 보호장비와 안전장비는 적절하고 명확하게 표시된 보관함에 유지가 되어야 하며, 선박의 관리책임자의 의해 매달 검사가 이루어져야

하며, 항해일지에 기록이 되어야 한다. 또한 적어도 1년에 1번 이상은 전문가에 의해 점검이 이루어져야 한다.

③ 응급처치 장비 : 갑판하의 장소에서 부상자를 이송하기 적당한 들것이 신속히 접근이 가능한 장소에 보관되도록 하여야 하며, 의료 응급처치 장비도 산소호흡기 및 해독제를 포함해서 갖추어져 있어야 한다.

④ 작업자 보호 필요설비 : 비상 탈출에 적합한 호흡 및 눈의 보호장비가 모든 승선자를 위해 구비되어 있어야 하는데 다음과 같은 조건을 충족하는 것이어야 한다.

- Filter Type의 호흡 보호장비는 인정되지 않는다.
- 자가 호흡장비는 최소한 15분 이상 사용이 가능하여야 한다.
- 비상 탈출용 호흡 보호장비는 화재나 화물관리의 목적으로 사용이 되어서는 안되며, 그러한 취지가 명시되어야 한다.
- 선교에는 위에서 언급한 호흡 및 눈 보호장비가 추가로 2sets가 영구적으로 보관되어야 한다.

적절하게 명시된 오염제거 샤워나 눈을 씻기 위해서 갑판상 편리한 장소에 Water Washing 설비가 되어 있어야 하며, 이러한 설비는 어떠한 환경에서도 작동이 가능하여야 한다. 일반적으로 액화천연가스 운반선의 경우는 양쪽 Manifold와 거주구의 출입구 부근에 설비가 갖추어져 있다.

기타 추가사항으로 다음과 같은 설비가 구축되어 있어야 한다.

- 화물의 수용능력이 2,000m^3 이상인 선박에서는 앞선 언급한 설비규정에 추가하여 각각의 호흡장비에 최소한 3개 이상의 예비공기통을 구비하여야 한다.
- 관할기관에 만족되게 설비된 거주구역 내에 한 공간의 배치에 의해 대량 화물 누출에 대하여 작업자가 보호될 수 있어야 한다.

2. 화재에 대한 안전설비

화재에 대한 안전설비에 관해서는 일반적으로 액화천연가스 운반선에 설치되어 있는 안전설비와 해상에서의 인명안전에 관한 협약(SOLAS : Safety Of Life At Sea) 규정 및 IGC Code에 입각한 최근 건조 선박에 설치되는 안전 설비에 관해서도 살펴보고자 한다.

(1) Fire & Wash Deck 장치

선박에서의 화재발생 시에 대비한 설비 중에 하나인 Fire & Wash Deck 장치는 SOLAS 규정에 의하여 규정하고 있는데, IGC Code에 의한 규정도 대동소이하기 때문에 전반적인 설비 및 설치규정을 살펴보고, 특징적으로 액화천연가스 운반선에만 추가로 설치되어 있는 설비에 관해서도 살펴보기로 한다.

1) SOLAS 및 IGC Code상의 설비

규정상 총 톤수 1,000톤 이상의 선박은 2대 이상의 소화 펌프를 설비하도록 하고 있는데, 일반적으로 액화천연가스 운반선에는 소화 펌프용으로 G/S (General Service) 펌프 2대, 비상 소화 펌프 1대 및 스프레이 워터 펌프(Spray Water Pump) 1대로 총 4대의 소화 펌프를 설비하고 있는 것이 일반적이고, 몇몇 선박에서는 필요에 따라 밸러스트 펌프도 겸용으로 사용 가능하도록 설비되어 있다.

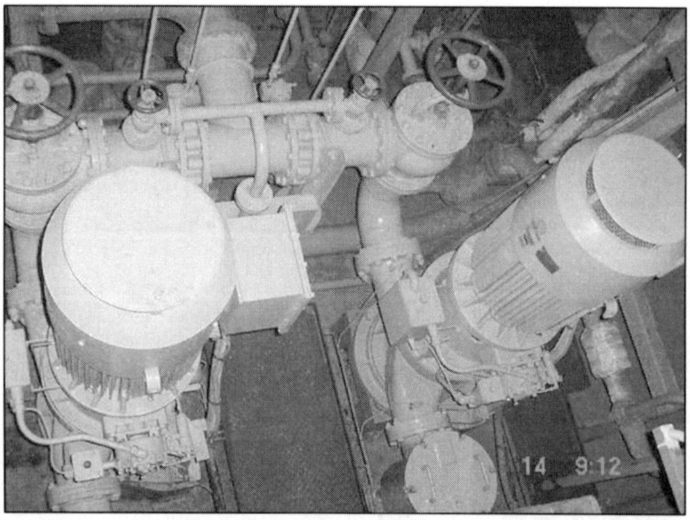

〈그림 3-41〉 소화 펌프

소화 펌프의 기동은 선교 및 화재제어 장소에서 원격조작이 가능하도록 규정하고 있는데, 액화천연가스 운반선에서도 선교 및 화재제어 장소 즉 화재통제실 일명 Fire Control Station에서 소화 펌프 기동이 가능하게 설비되어 있으며, 추가로 화물통제실(CACC)에서도 조작이 가능하게 설비되어 있다.

소화주관과 차단 밸브에 관하여 동파방지, 기관 구역의 폐쇄를 위한 차단 밸브 설치에 관해서 규정하고 있는데, 이에 추가하여 탱커선에는 화재 또는 폭발의 경우 주소화장치의 보전성을 위하여 선미루전단의 보호된 장소 및 40미터 미만의 간격으로 탱커 갑판상의 소화주관에 차단 밸브를 설치하게 되어 있다.

실제로 액화천연가스 운반선에서도 이 규정을 준수하여 설비가 되어 있으며 추가로 좌현 및 우현으로 소화주관이 나눠져 있으며, 이에 각각 차단 밸브가 설치되어 있다. 그리고 앞서 설명한 Manifold상에 Water Curtain을 작동시키기 위하여 별도의 라인 및 차단 밸브가 설치되어 있다.

비상 소화 펌프의 설비규정에 관하여 주소화 펌프와 인접하지 않은 장소에 설치하도록 규정하고 있는데 액화천연가스 운반선에서는 일반적으로 Steering Gear Room 내 하부에 설치되어 있다.

〈그림 3-42〉 비상 소화 펌프

2) Truck Deck Space Sea Water Filling

Moss type의 액화천연가스 운반선의 화재나 폭발발생 시에 화재나 폭발로 인한 화물 탱크의 온도상승을 막기 위하여 화물 탱크의 상부 공간인 Truck Deck Space를 해수로 채울 수 있도록 설비되어 있으며, 소화 펌프를 기동하여 Side Passage, Duct Keel Pipe Duct, Forward Pump Room, Bow Thruster Room 및 Bosun Store 등의 Bilge를 배출시킬 수 있도록 설비되어 있다.

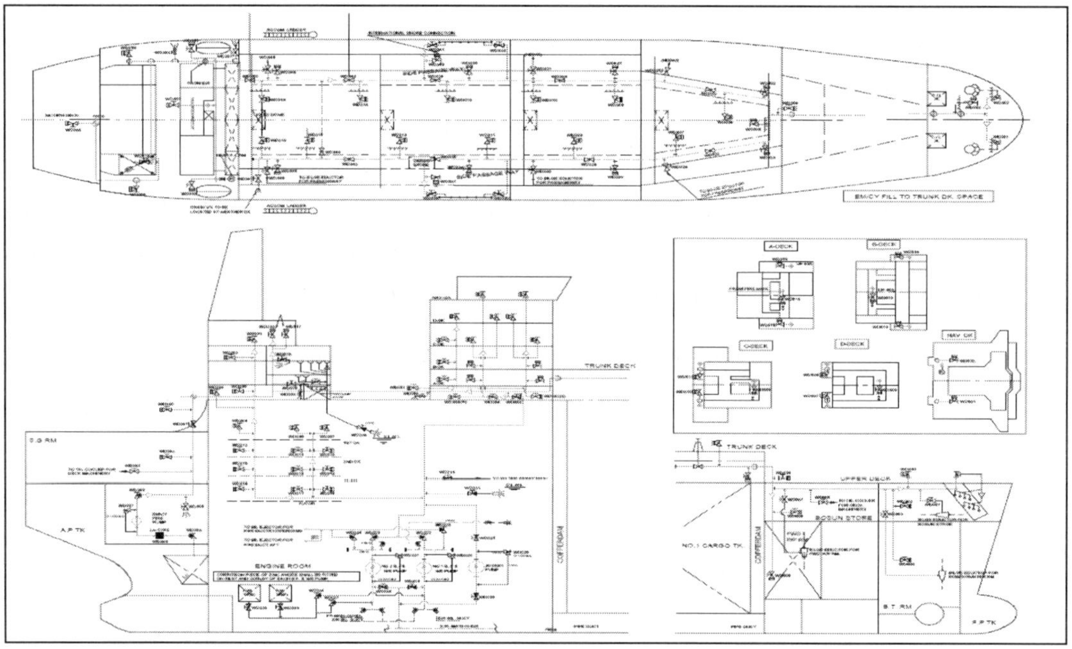

〈그림 3-43〉 Fire & Deck Wash 장치 계통도

(2) 화재탐재장치

SOLAS에서 규정하고 있는 관련 설비규정에 관하여 간단히 살펴보고, 액화천연가스 운반선에 설비되어 있는 화재탐지장치의 한 가지 형태를 살펴보기 한다.

1) 설비규정

화재탐지장치의 제어반은 선교 또는 화재통제실에 설치하도록 규정하고 있는데 액화천연가스 운반선에서는 이에 추가하여 화물통제실에도 기본적으로 설치되어 있다. 사용되고 있는 전기설비의 동력공급원은 2개 이상이며, 그 중의 1개는 비상 전원일 것을 규정하고 있다.

탐지기 및 수동작동 콜 포인트는 몇 개의 계통으로 구분되어 있으며, 작동할 경우에 제어반 및 표시반에 가시/가청 화재경보 신호가 발해야 하고, 경보가 발하게 되어 2분 이상 별도의 화재제어반에 조치가 없을 경우 자동으로 선원의 거주구역, 업무구역, 제어장소 및 특정기관구역의 전역에 경보를 발하도록 규정하고 있다.

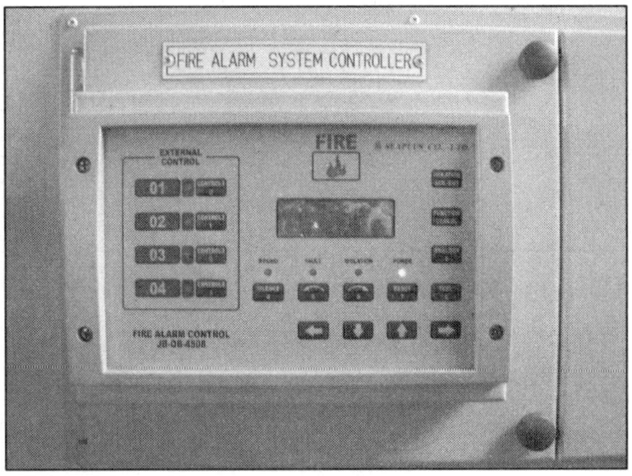

〈그림 3-44〉 화재탐지 제어반

화재의 위험성이 없는 장소를 제외하고는 모든 거주구역, 업무구역, 통로, 계단 및 탈출경로 등에 화재탐지기를 설치하도록 규정하고 있는데 거주구역에는 연기탐지기를 설치하고, 그 외에 요구되는 경우는 열탐지기 및 화염탐지기를 설비하도록 규정하고 있다. 액화천연가스 운반선의 경우는 본 규정을 당연히 충족시키는 설비가 되어 있는데, 특징적으로 위험화물을 운반하기 때문에 거주구역 외의 장소에서는 폭발의 위험성이 상존하는바 일반적인 탐지기가 아닌 폭발방지용 탐지기가 설치되어 있다.

〈그림 3-45〉 일반 열 · 연기 및 화염감지기

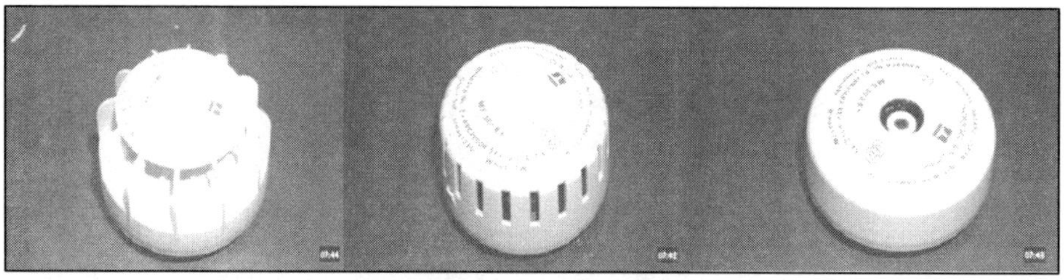

〈그림 3-46〉 폭발방지 열 · 연기 및 화염감지기

기관구역에도 화재발생을 신속히 탐지할 수 있도록 화재탐지장치를 배치하여야 하고, 화재발생을 알리는 경보는 다른 경보와 식별할 수 있는 가시/가청 경보를 발하도록 규정하고 있다.

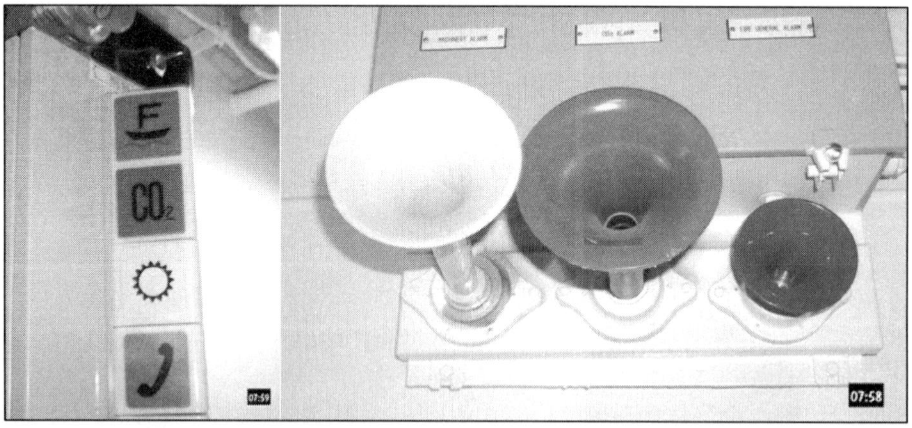

〈그림 3-47〉 화재발생 기사 및 가청장치

2) 액화천연가스 운반선에 설치되어 있는 화재탐지장치

액화천연가스 운반선에서는 위험화물을 운반하는 관계로 거주구역 이외에 화물구역에도 여러 곳에 화재를 탐지할 수 있는 폭발방지 형식의 화재탐지기가 설비되어 있으며, 기본적으로 여러 개의 Loop로 나눠져 있어 각 Loop별로 또는 각 탐지기별로 독립적으로 운용할 수 있게 장치가 구성되어 있다. 간단히 특징적인 주요 기능을 살펴보면 다음과 같다.

① 앞서 언급한 바와 같이 여러 개의 Loop로 나눠져 있다.

② 각각 탐지기 및 Manual Call Point는 고유의 주소를 가지고 있어서 독립적으로 운용이 가능하다.

③ 각각 탐지기의 작동상태를 계속적으로 감시가 가능하고, Fault나 기타 이상상태가 발생할 경우는 가시 및 가청할 수 있도록 경보를 발한다.

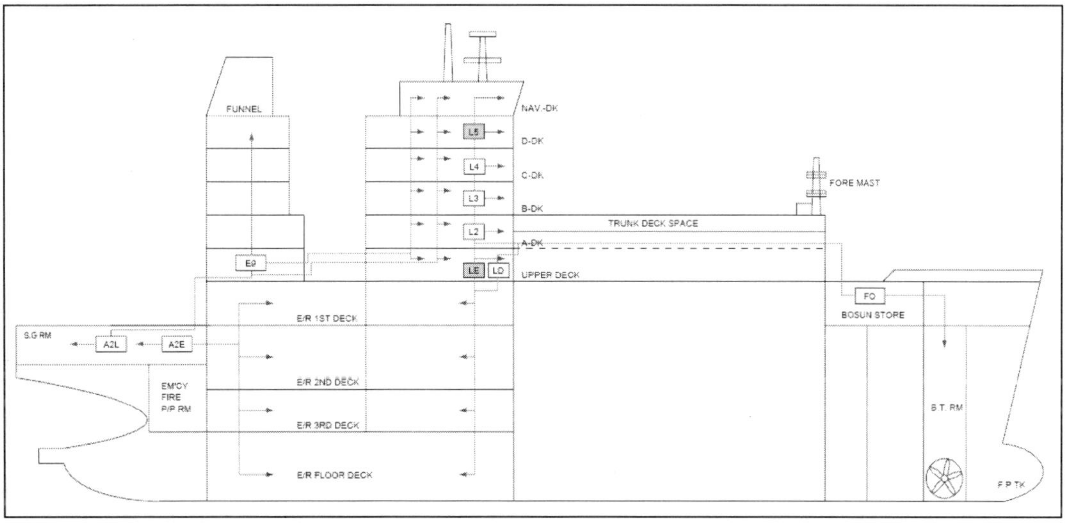

〈그림 3-48〉 화재탐지장치의 계통도

3. 화물구역 화재장치

액화천연가스 운반선이 위험화물을 운송하는 관계로 화물구역에는 화재의 위험성이 항상 존재한다 할 수 있다. 이러한 액화천연가스 운반선에서는 화물구역에 화재발생에 대비하여 여러 화재진압 설비를 설치하고 있는데 주요 설비로는 Water Spray 장치, 고정식 분말소화장치 및 고정 시 이산화탄소 소화장치 등이 있다.

간단히 주요 설비들에 관하여 살펴보기로 한다.

(1) Water Spray 장치

IGC Code에 의하면 폭발성 및 유독성의 제품을 운반하는 선박에는 Water Spray 장치를 설비하게 규정하고 있다. 이러한 Water Spray 장비의 설비목적은 근본적으로 화재의 제어에 있겠지만 그와 연관된 화물 탱크의 냉각이나 승무원의 보호의 목적도 있다고 할 수 있다.

이러한 목적과 액화천연가스 운반선에서 가장 화재의 위험성에 있는 지역 및 화재로부터 보호되어야 할 지역 등을 고려하여 Water Spray 장치를 설치하여야 할 곳을 결정하게 되는데 IGC Code에 나와 있는 설치장소에 관한 규정을 먼저 살펴보면 다음과 같다.

① 노출된 화물 탱크의 돔(Dome) 및 다른 화물 탱크의 노출 부분

② 갑판상의 노출된 폭발성 및 유독성의 제품을 위해 저장용기

③ 양쪽 Manifold, Manifold의 Control Valve의 주변, 다른 중요한 Control Valve가 위치하고 있는 주변으로 최소한 Drip Tray가 설치되어 있는 장소는 포함되어야 한다.

④ 사람들이 거주하는 거주구역의 경계, 화물 컴프레서룸, 화물 펌프룸, 화재의 위험성이 큰 물건을 포함하고 있는 구역 및 화물구역과 직면하고 있는 구역에는 설치가 되어야 한다. 하지만 선수부 구조물로 화재의 위험성이 크지 않은 물건이나 장비를 포함하고 있는 구역은 제외된다.

위와 같이 언급된 부분을 모두 포함하면서 비상 시에 Water Spray 장치를 정상적으로 작동시키기 위하여 IGC Code에는 Water Spray용 펌프의 용량에 관하여 규정하고 있다. 이러한 용량의 결론은 모든 Water Spray 장치가 설치되어 있는 장소를 동시에 분무할 수 있어야 한다는 것이다.

〈그림 3-49〉 Water Spray 장치 작동모습

규정에 의하면 일반적으로 선박에 설치되어 있는 주소화 펌프에 관련하여 요구하는 용량만 충족을 한다면 병행하여 사용할 수 있는 것으로 허용하고 있다. 단 주소화 라인과 Water Spray 라인을 격리시킬 수 있는 밸브가 설치되어 있어야 한다는 조건이 있다. 하지만, 일반적인 액화천연가스 운반선에서는 주소화 펌프와는 별개로 하여 Water Spray용 펌프가 별도로 설치되어 있다.

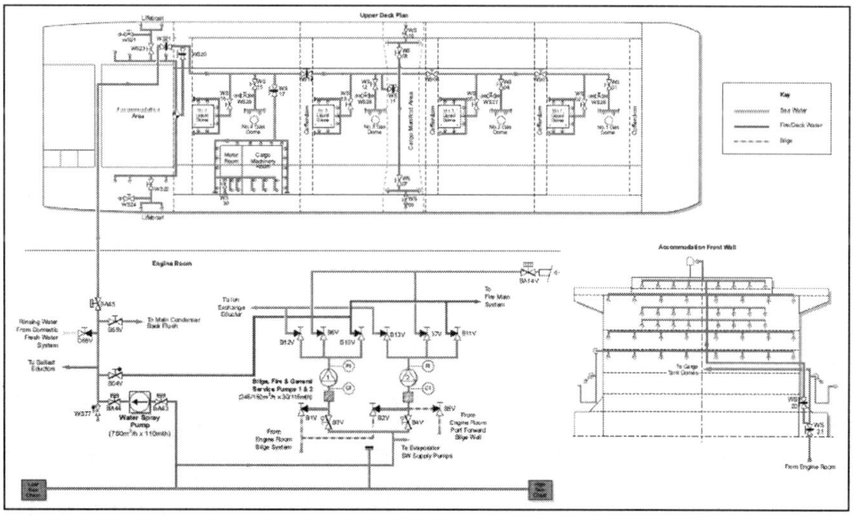

〈그림 3-50〉 Water Spray 장치 계통도

(2) 고정식 분말 소화장치

액화천연가스 운반선의 경우 화물구역에 화재가 발생했을 경우에 대비한 소화장비 중에 고정식 분말 소화장치가 일반적으로 설치되어 있다. 이러한 소화 장치에 관하여 관련 설비규정과 더불어 그 구성과 작동방법에 관하여 간단히 살펴보자.

1) 설비규정

최소한 2개의 Hand Hose 라인 또는 Monitor와 결합된 Hand Hose 라인은 갑판 상부의 제품과 관련되는 파이프를 포함한 갑판상 노출 화물구역의 어느 곳에도 분말을 분사할 수 있도록 설비되어야 한다. 이러한 분말 소화장치는 분말의 보관용기에 근접하게 그리고 이러한 장비들을 위해 별도로 사용되는 곳에 보관되어야 하는 질소와 같은 불활성 가스에 의해 작동되어야 한다.

1,000m^3 이상의 화물 수용량을 갖고 있는 선박은 최소한 2개 이상의 독립된 자가 분말 장비를 갖추어야 한다.

Monitor의 경우는 화물을 적하·양하의 Manifold에 설치되어 보호되어질 수 있도록 하여야 하는데, 이는 현장에서 또는 원격으로 작동되어질 수 있어야 한다.

모든 Monitor와 Hand Hose 라인은 현장에서 작동이 가능하여야 한다. 그리고 최소한 하나의 Hand Hose 라인 또는 Monitor는 화물구역의 뒤쪽 끝 단에 설비되어야 한다. 2개 이상의 Hand Hose 라인 및 Monitor로 구성된 소화설비의 경우는 독립된 파이프를 갖추어야 한다. 이러한 배치는 어떠한 또는 모든 Monitor 및 Hand Hose 라인들을 동시에 그들의 정격 분사능력에서 작동이 될 수 있어야 한다.

Hand Hose 라인은 33m를 초과해서는 아니되며, 비틀려지지 않는 재질로 방습 구조물에 보관되어야 한다. 분말의 용량은 각각의 장비에 연결된 모든 Monitor 및 Hand Hose 라인에서 최소 45초 이상 공급될 수 있어야 한다.

Hand Hose 라인의 경우는 Hose의 길이에 상응하는 길이만큼의 범주에 유효하게 분말이 분사될 수 있어야 한다. 보호되어야 할 구역이 Monitor나 Hand Hose 라인보다 상당히 높은 곳일 수 있음을 특별히 고려하여야 한다.

2) 구 성

① 분말 저장용기 : 앞서 언급한 규정에서 요구하고 있는 충분한 양의 분말을 저장하고 있는 용기이다. 이러한 용기는 별도로 격리된 장소에 보관되어 있다.

〈그림 3-51〉 분말 저장용기

② 질소 저장용기 : 상기에 분말을 저장용기에서 밀어내어 원하는 곳으로 분사시키기 위한 힘을 제공하고, 화재의 확산이나 화물이 극저온이라는 점을 감안하여 극저온에서도 결빙이 되지 않는 질소를 저장하고 있는 용기이다.

〈그림 3-52〉 질소 저장용기

③ Monitor : 양쪽 Manifold에 고정식으로 설비되어 있는 분말 분사장치이다.

〈그림 3-53〉 Monitor

④ Hand Hose 라인 : 상기의 Manifold를 제외한 기타 화물구역에서 분말을 분사할 수 있도록 Flexible Hose을 가지고 있는 분사장치이다.

〈그림 3-54〉 Hand Hose Line

⑤ Remote Release Cabinet : 해당 Monitor 및 Hand Hose 라인을 작동시킬 수 있는 장비가 설비된 Cabinet으로 각각의 분사기에 근접하게 설비가 되어 있지만 Monitor의 경우는 원격으로도 분사시킬 수 있게 설비가 되어 있다.

〈그림 3-55〉 Remote Release Cabinet

3) 작동방법

고정식 분말 소화장치의 작동방법에 관해서는 기본적으로 다음과 같이 4가지 경우로 나눠 살펴볼 수 있으며, 선박에서는 이러한 4가지 방법에 관하여 모두 숙지하고 있어야 비상 상황발생 시에 적절하게 장비를 작동시킬 수 있을 것이다.

① Monitor를 자동으로 작동시킬 경우는 다음과 같다.

- Monitor를 화재가 발생한 곳으로 향하게 한다(일반적으로 선박에서 Monitor의 경우는 일정하게 Manifold의 육상측과의 연결부를 중심으로 분사될 수 있도록 방향이 맞춰있다. 하지만 해당 구역이 아닌 다른 구역에 화재가 발생했을 경우는 별도로 방향을 조설해야 할 것이다).
- Monitor의 하부에 설치되어 있는 볼 밸브를 개방한다.
- 현장이나 화물통제실 또는 화재통제실에 설치되어 있는 Release Cabinet을 개방하고, Cabinet에 설비되어 있는 Pilot Cylinder를 개방한다.
- Release Cabinet 내의 Pilot Cylinder를 개방한 후에 바로 옆에 위치하고 있는 볼 밸브를 마지막으로 개방하면 해당 Monitor에서 분말이 분사된다.

② 자동 작동불가로 Monitor를 수동으로 작동시킬 경우는 다음과 같다.

- 분말의 저장용기와 주 분사 라인의 바이패스 라인상의 밸브가 열려있

는지 확인하고 만약 열려있다면 폐쇄시킨다.

- 분말의 저장용기에서 주 분사 라인의 주 밸브와 질소 저장용기에서 분말 저장용기의 연결 밸브가 개방되어 있는지를 확인하고 만약 개방이 되어 있지 않다면 개방한다.
- 각 질소 저장용기의 밸브가 개방되어있는지 확인하고 개방되어 있지 않다면 수동으로 모두 개방한다.
- 만약 분말의 저장용기 내에 압력이 형성되지 않는다면 주 분사 라인의 주 밸브를 닫고, 압력이 형성될 때까지 유지한 후에 개방한다.

③ Hand Hose 라인을 자동으로 작동시킬 경우는 다음과 같다.

- 먼저 Hand Hose 라인이 저장되어 있는 곳에서 Hose와 Nozzle을 꺼낸다.
- Hose가 꼬이지 않도록 하고, Nozzle을 화재현장으로 향하게 한다.
- Release Cabinet를 개방하고, 내부의 Pilot Cylinder를 개방한다.
- Release Cabinet 내의 Pilot Cylinder를 개방한 후에 바로 옆에 위치하고 있는 볼 밸브를 개방한다.
- Hosc에 압력이 형성되면 Nozzle이 작동되도록 Trigger를 잡이당겨 분말을 분사한다.

④ 자동 작동불가로 Hand Hose 라인을 수동으로 작동시킬 경우는 다음과 같다.

- 분말의 저장용기와 주 분사 라인의 바이패스 라인상의 밸브가 열려있는지 확인하고 만약 열려있다면 폐쇄시킨다.
- 분말의 저장용기에서 주 분사 라인의 주 밸브와 질소 저장용기에서 분말 저장용기의 연결 밸브가 개방되어 있는지를 확인하고 만약 개방이 되어있지 않다면 개방한다.
- 각 질소 저장용기의 밸브가 개방되어 있는지 확인하고 개방되어 있지 않다면 수동으로 모두 개방한다.
- 만약 분말의 저장용기 내에 압력이 형성되지 않는다면 주 분산 라인의 주 밸브를 닫고, 압력이 형성될 때까지 유지한 후에 개방한다.

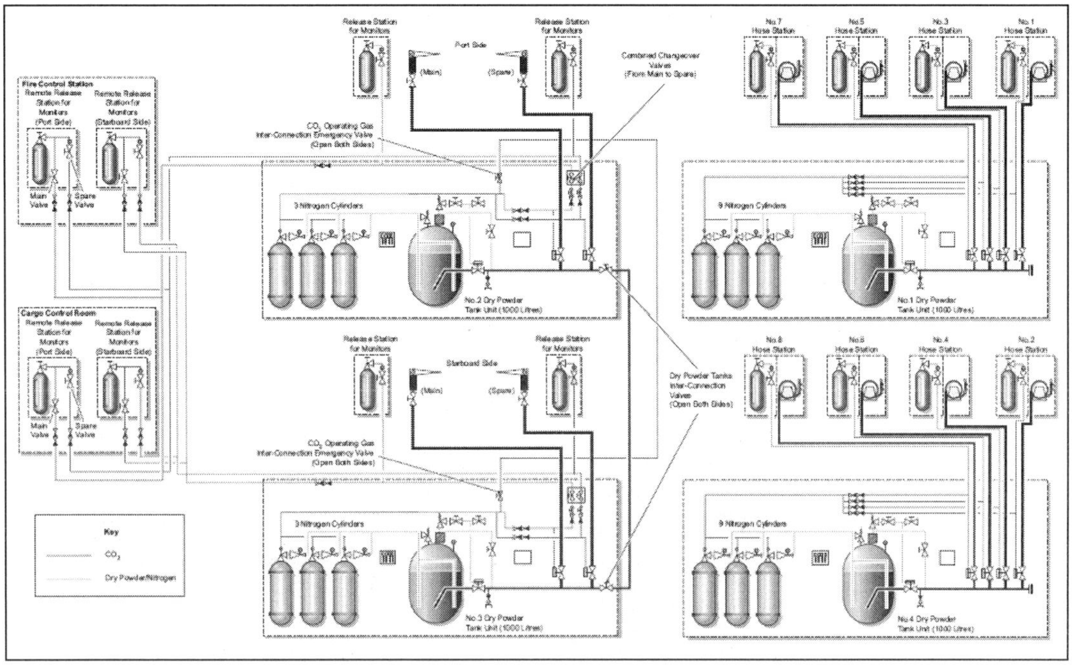

〈그림 3-56〉 고정식 분말 소화장치의 계통도

(3) 고정식 이산화탄소 소화장치

일반적으로 고정식 이산화탄소 소화장치는 액화천연가스 운반선에서 화물 컴프레서 및 펌프룸, 화물 스위치보드룸 및 화물 모터룸 등에 설치되어 있다.

고정식 이산화탄소 소화장치에 관하여 관련 설비규정과 더불어 그 구성과 작동방법에 관하여 간단히 살펴보자.

1) 설비규정

IGC Code에 의거하여 화물 컴프레서 및 펌프룸의 구역은 고정식 이산화탄소 소화장치를 다음과 같은 조건을 충족하도록 설비하도록 규정하고 있다.

① 정전기 발화의 위험성 때문에 해당 구역에 화재진압용이 아닌 Inerting 용으로는 사용되지 말아야 한다고 기술된 경고가 표시되어야 하다.

② 알람 장치들은 폭발성 화물 가스가 있는 곳에서도 사용되는데 안전한 것이어야 한다.

③ 이산화탄소의 양은 어떠한 경우에도 화물 컴프레서와 펌프룸 전체 용적

의 45%에 상당하는 충분한 양이어야 한다.

2) 구 성

① 이산화탄소 저장용기 : 규정에 의해 요구되는 양의 이산화탄소를 저장하고 있는 용기로 이산화탄소 룸이라고 지정된 장소에 보관되어 있다.

〈그림 3-57〉 이산화탄소 저장용기

② Release Cabinet : 해당 구역, 이산화탄소 룸 및 화재통제실에 본 장비를 작동시키기 위한 장치가 설비되어 있는 Cabinet이다.

〈그림 3-58〉 Release Cabinet

③ Main Delivery Valve : 이산화탄소 장치가 작동되었을 경우 이산화탄소 저장용기에서 해당 구역으로 연결하는 주 라인에 설치된 밸브이다.

〈그림 3-59〉 Main Delivery Valve

④ Nozzle : 해당 구역에 장비가 작동되었을 경우 이산화탄소가 직접 분사되는 곳을 말한다.

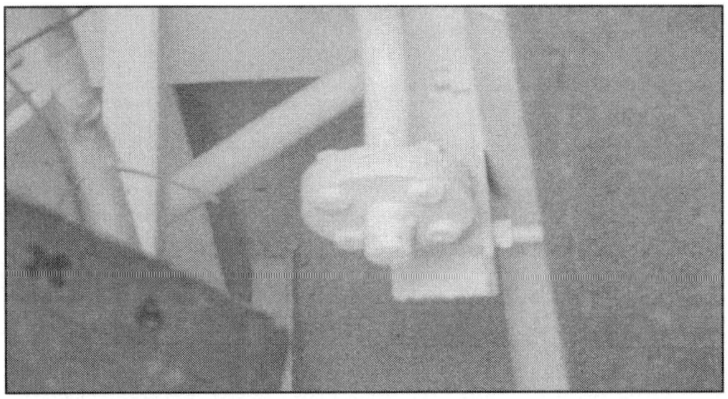

〈그림 3-60〉 Nozzle

⑤ 알람 장치 : 화재가 발생했을 경우도 화재발생에 대한 알람이 발생하지만 기본적으로 이산화탄소를 방출하기 위해 dnl의 Release Cabinet을 개방하게 되면 이산화탄소의 방출에 대한 알람을 발생시키는데 이러한 알람을 발하는 장치를 말한다.

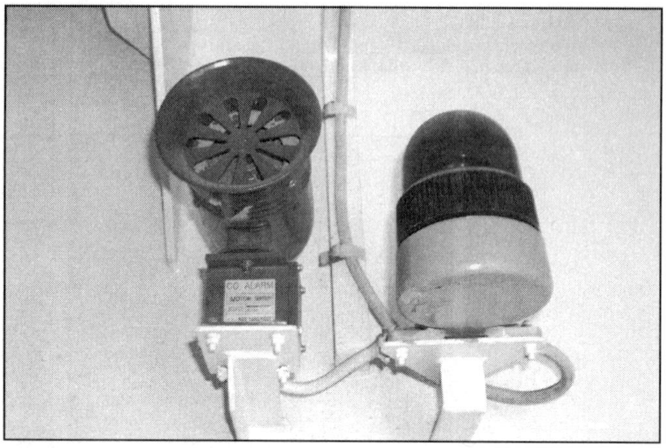

〈그림 3-61〉 알람 장치

3) 작동방법

① 자동으로 작동시킬 경우

- 해당 지역에 화재의 초기 진압이 불가하여 고정식 이산화탄소 소화장치를 사용하여야 할 상황이 되었을 경우는 즉시 현장에 있는 모든 사람을 탈출시킨다.
- 현장에 모든 사람이 탈출되었음을 확인함과 동시에 이산화탄소의 소화효과인 질식효과를 높이기 위해서 모든 개구부를 폐쇄한다.
- 지시에 따라 해당 구역 또는 화재통제실에 있는 Release Cabinet을 개방한다. 만약 Release Cabinet이 자물쇠 장치가 되어 있다면 부근에 있는 열쇠를 이용하여 개방한다. 이때 Release Cabinet을 개방하면 자동으로 해당 구역의 Fan이 정지하고, 이산화탄소의 방출에 대한 알람이 해당 구역에 발생한다.
- Release Cabinet 내에 설치되어 있는 Pilot Cylinder를 개방한다.
- Pilot Cylinder를 개방한 후에 두 개의 볼 밸브를 개방한다.
- 이렇게 상기의 볼 밸브까지 개방을 하면 약 30초 후에 장치가 작동되어 이산화탄소를 해당 구역에 방출한다.

② 작동이 되지 않아 수동으로 작동시킬 경우

- 만약 상기의 자동 작동이 현장에 있는 Release Cabinet에서 시행된 경

우라면 조속히 이산화탄소 저장용기가 설비되어 있는 이산화탄소룸으로 이동한다.

- 화재 발생의 해당 구역으로 연결되는 Main Delivery Valve를 개방한다.
- Main Delivery Valve를 개방한 후에 해당 구역에 배당된 이산화탄소 저장용기를 수동으로 하나씩 개방하면 이산화탄소가 방출된다.

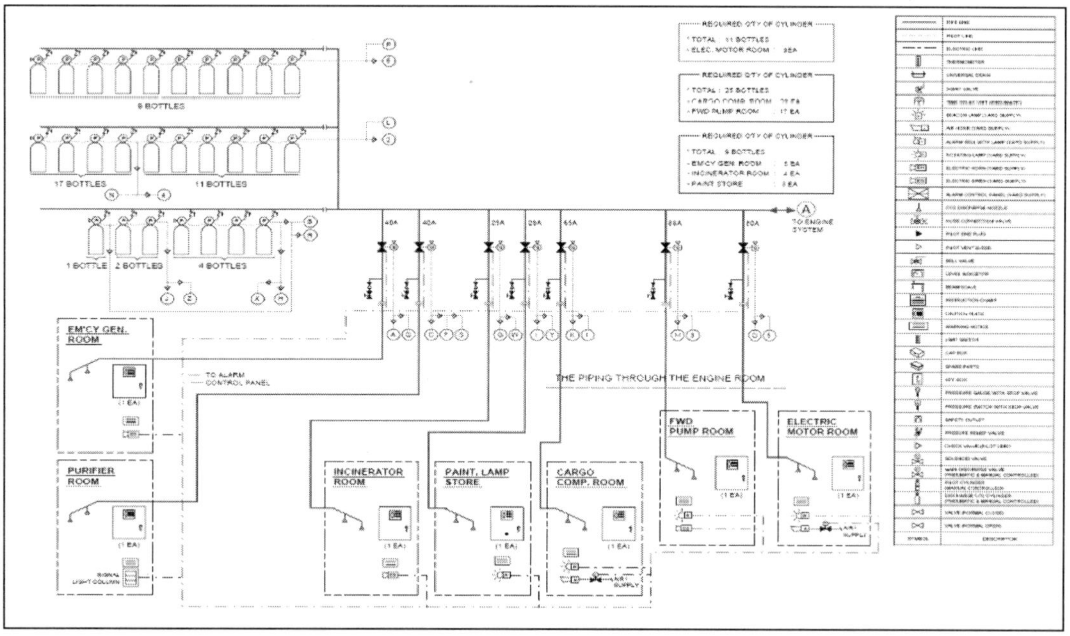

〈그림 3-62〉 고정식 이산화탄소 소화장치의 계통도

03 기타 설비

액화천연가스(LNG) 운반선에는 앞서 언급한 화물 관련 및 안전에 직접적으로 관련이 되어 있는 여러 설비가 설치되어 있다. 이러한 여러 설비와 더불어 일반 선박들과는 달리 설치되거나 구비되어 있는 장비가 많이 있는데 몇 가지 대표적인 것들을 소개하고자 한다.

1. 휴대용 가스 탐지기

(1) 휴대용 탄화수소 탐지기

탄화수소를 탐지할 수 있는 휴대용 탐지기이다.

1) 사용방법

① 전환 스위치를 100% VOL의 위치에 놓고 “BATT” 버튼을 눌러서 메타눈금이 BATT 구간에 들어오는지 확인한다. 만일 BATT 구간 이하가 된다면 신선한 공기 중에서 건전지를 교환한다.

② Sampling Hose 연결 : Hose는 오렌지색과 초록색의 2종류가 있고 측정가스의 농도에 따라 구분하여 사용하는데 오렌지색은 VOL% 측정 시, 초록색은 % LEL 측정 시 사용한다.

③ 약 2분 간 측정기 내의 펌프가 흡입하도록 하여 측정기 내부와 호스 내부의 오염가스를 제거한다.

④ 전환 스위치를 20% VOL 위치로 놓고 VOL 측의 Zero 스위치를 돌려서 Meter의 눈금을 Zero로 맞춘다.

⑤ 전환 스위치를 10% LEL의 위치로 놓고 % LEL 측의 Zero 스위치를 돌려서 Meter의 눈금을 Zero로 맞춘다.

⑥ 측정하고자 하는 현장에 가서 원하는 범위의 농도에 따라 전환 스위치를 돌린 후 측정한다.

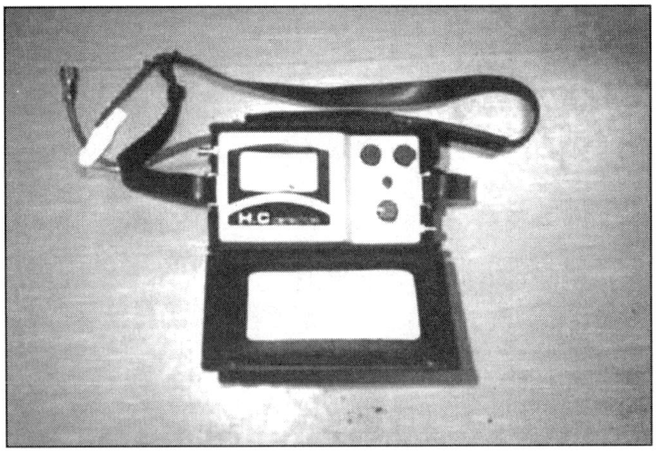

〈그림 3-63〉 휴대용 탄화수소 탐지기

2) 주의사항

① 이 측정기의 내부에는 두 개의 센서가 있어 하나는 % VOL만을 측정하고 하나는 % LEL만을 측정한다. % VOL 센서는 열전도 방식을 채택하고 있으며 % LEL은 연소식의 원리를 채택하고 있다. 그런데 연소식의 경우 연소에 반드시 산소를 필요로 하므로 산소가 부족한 지역에서의 % LEL의 측정값은 정확도가 떨어진다.

② VOL. 측정 시 : 오렌지색 Sample Tube 사용하고 10분 정도 Tube 청소 후 사용하여야 한다.

③ % LEL 측정 시 : 초록색 Sample Tube 사용하고 5분 정도 Tube 청소 후 사용하여야 한다.

(2) 휴대용 메탄가스 탐지기

휴대용 메탄가스 탐지기는 대기 가스 중에서 메탄가스를 탐지하는 장비이다.

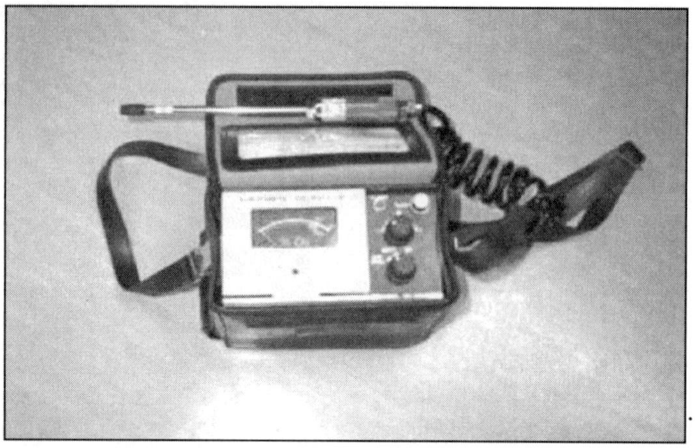

〈그림 3-64〉 휴대용 메탄가스 탐지기

1) 사용방법

① Sampling Probe와 Hose 측정기에 연결한다.

② 절환 스위치를 “BATT” 위치로 돌려 배터리 상태를 점검한다. 이때 Meter의 지침이 “BATT”의 흰색선 안에 들어오는지 확인한다. 만일 “BATT” 구간 이하가 된다면 스위치를 다시 돌려 충전기를 이용하여 충전한다.

③ 0점 조정 : 신선한 공기 중에서 전환 스위치를 “100” 위치에 두고, Zero 스위치를 이용하여 Meter의 눈금을 “0”으로 맞춘다.

④ Span 조정 : 측면 Calibration Potentiometer를 100%와 25%로 별도로 조정하여야 한다.

⑤ 측정하고자 하는 장소에서 스위치를 “100” 위치에 두고 측정을 시작하면 된다.

⑥ 측정가스가 LEL 25% 미만이 감지되면 스위치를 “25”에 놓고 측정한다.

⑦ 측정이 끝난 후 신선한 공기로 Flushing한 후 스위치를 “OFF”한다.

2) 주의사항

① 메탄가스 농도가 LEL 100% 이상에서는 사용하지 말아야 한다(센서에 손상을 입히고 측정기기의 수명을 단축시킨다).

② 측정기를 사용할 때에는 항상 운반 케이스에 넣고 사용하여야 한다.

③ 충전할 때에는 항상 안전한 구역에서 하여야 하다.

④ 측정기 속으로 물이 들어가지 않도록 하여야 한다.

2. 극저온 Relief 밸브

액화천연가스 운반선은 화물 탱크이 대기압인 상태에서 액화천연가스를 −165℃ 상태로 액화시켜 가스 생산국에서 소비국으로 운반하는 선박으로서 화물 탱크 내에서 액화천연가스가 연속적으로 증발하기 때문에 안전한 운반 및 폭발위험을 방지하기 위한 특수한 화물 탱크 방열구조와 감시 · 제어 시스템을 갖고 있다.

〈그림 3-65〉 Relieve Valve

그러나 외부적 요인과 운영상의 잘못 그리고 불활성 기체인 질소공급 시 화물 탱크 Membrane 내에 과도한 압력상승이 일어나 화물 탱크의 설계 압력을 초과하여 가스 누출 등으로 인한 심각한 안전문제를 야기시킬 수 있다.

액화천연가스 운반선용 극저온 Relief Valve는 위와 같은 과도한 압력상승과 폭발위험을 방지하기 위하여 화물 탱크 내의 증발된 가스를 안전하게 배출하여 화물 탱크 내 압력을 설정압력 이하로 유지시키는 기능을 가지는 밸브이다. 모든 액화천연가스 운반선의 화물 탱크 상부에 필수적으로 설치되어야 한다.

대기압 상태에서 액화천연가스의 액화 온도인 −165℃의 극저온 환경에서 요구되는 기능을 정밀하게 수행하여야 한다.

액화천연가스 운반선용 극저온 Relief Valve는 액화천연가스 저장환경인

−165℃에서 작동되고 화물 탱크 내의 요구되지 않는 과도한 압력상승을 방지하기 위해 별도의 동력공급이 없는 상태에서 화물 탱크 내에 증발된 가스를 대기 중으로 방출시키지 않고 Vent Mast로 안전하게 유도시키기 위하여 사용되는 밸브이다.

3. Expansion Bellows

액화천연가스(LNG) 운반선은 화물작업을 진행하기 위하여 수많은 파이프 라인을 구성하고 있다.

앞서 언급한 바와 같이 액화천연가스는 극저온의 상태로 적하 · 양하작업이 진행되기 때문에 이러한 천연가스가 직접적으로 접촉되는 부분이 일반적인 파이프 라인의 재질로 이루어져 있다면 취성파괴가 일어날 위험성이 있다. 이러한 취성파괴의 위험성을 감안하여 액화천연가스 운반선에 설치되어 있는 파이프 라인들은 극저온에도 견딜 수 있는 특수한 재질로 만들어진다.

하지만 이들 파이프 라인들은 온도에 따라 수축 및 팽창을 하게 되는데 이러한 수축 및 팽창을 수용할 수 있는 별도의 설비가 되어 있지 않다면 많은 파이프 라인에 손상이 발생할 것이다. 이런 연유로 온도에 따른 파이프 라인

〈그림 3-66〉 Expansion Bellows 및 Loop Line

의 수축 및 팽창을 수용할 수 있는 장치로 일명 'Expansion Bellows'라 하는 주름모양에 설비를 구축하고 있다.

Expansion Bellows는 파이프 라인 중간 중간에 삽입이 되어 파이프 라인의 수축 및 팽창을 수용하게 된다. 일반적으로 Expansion Bellows는 지름이 큰 파이프 라인에 설치가 되는데 지름이 작은 파이프 라인에도 사용된다.

지름이 작은 파이프 라인의 수축 및 팽창을 수용하는 방법으로는 일반적으로 파이프 라인 중간 중간에 Loop 모양을 형성시켜 대처하고 있다.

찾아보기

(ㄱ)
가압천연가스 19

(ㅁ)
먼지 33
메탄 20

(ㅂ)
불활성 가스 재생기 175

(ㅅ)
선체 가열 시스템 173, 174
스위트닝 32
스트립핑(Stripping) 펌프 165

(ㅇ)
연소 24
원심 펌프 159
임계압력 27
임계온도 27

(ㅈ)
잠수식 펌프 159
저온가압식 66
전처리 공정 31
질소재생기 178

(ㅊ)
천연가스 13
취성파괴 195

(ㅋ)
컴프레서(압축기) 166

(C)
Cargo Machinery Room 159
Cargo Tank Cool-down 92
Cold Condition 85
Cold Spot 153
CTS(Custody Transfer System) 180

(D)
Deeper Deposits 15

(E)
ESDS 2 197

(F)
Forcing Vaporizer 171

(H)
High Duty(H/D) Compressor 166

(I)
IAS(Integrated Automation System) 192

(L)
Latent Heat 30
LEL(Lower Explosion Limit) 188
LNG 28
LNG Vaporizer 169
LNG 프로젝트 50
LNGC 63

(M)
Manifold 196
Methane hydrate 20

(N)
NGLs 19
(P)
PERC 198
PERC 장치 197

(S)
Shallower Deposits 15
Surge 167

(T)
Total BOG 시스템 171

(U)
UEL (Upper Explosion Limit) 188
Unloading 작업 129

(W)
Water Curtain 197

LNGC 기초교육

2022년 8월 25일 1판 3쇄 발행

저 자 김종성 · 배병덕 · 윤귀호
발행인 남 승 우

발행처 도서출판 상尙 학學 당堂
서울특별시 동작구 사당로9가길 6
TEL : 02) 595-1692 ~ 4
FAX : 02) 595-1394
E-mail : shdbooks@naver.com
신고 : 2-155호 (1968. 11. 29)

정가 25,000원

ISBN 978-89-6587-041-8 93500

〈디자인〉 편집 엄해숙 / 표지 토틀컴